U0351088

深水浮式平台-钻完井管柱-防喷器系统安全设计与操作手册

周守为 刘清友 谢 彬 王国荣 编著

科学出版社

北 京

内 容 简 介

深水钻完井过程中，深水浮式平台通过隔水管柱连接至海底防喷器，钻完井管柱从平台通过隔水管柱进入地层作业。浮式平台-管柱-防喷器连接组成一个整体装备，完成钻完井作业。该书以浮式平台结构安全设计、钻完井管柱动力分析及其配置组合安全设计、防喷器系统安全设计与控制为主线，建立了深水浮式平台-管柱-防喷器系统安全设计方法，并在此基础上建立了深水浮式平台-管柱-防喷器系统安全操作方法。

该书可为深水钻井设计人员提供设计理论。

图书在版编目（CIP）数据

深水浮式平台-钻完井管柱-防喷器系统安全设计与操作手册/周守为等编著. —北京：科学出版社，2018

ISBN 978-7-03-055445-1

Ⅰ.①深… Ⅱ.①周… Ⅲ.①海上油气田–采油平台–技术手册②海上油气田–井下管柱–技术手册③海上油气田–防喷器–技术手册 Ⅳ.①TE951-62

中国版本图书馆 CIP 数据核字 (2017) 第 279734 号

责任编辑：吴凡洁/责任校对：桂伟利
责任印制：张 伟/封面设计：黄华斌

科 学 出 版 社 出版
北京东黄城根北街16号
邮政编码：100717
http://www.sciencep.com

北京京华虎彩印刷有限公司 印刷
科学出版社发行 各地新华书店经销
*
2018 年 1 月第 一 版 开本：787×1092 1/16
2018 年 1 月第一次印刷 印张：11
字数：243 000
定价：198.00 元
(如有印装质量问题，我社负责调换)

本书编著委员会

主　　编：周守为　刘清友　谢　彬　王国荣

副 主 编：毛良杰　李　阳

编写人员：周守为　刘清友　谢　彬　王国荣　毛良杰

　　　　　李　阳　谢文会　王俊荣　付　强

序

深水是世界石油工业的主要接替区和科技创新前沿，全球各大石油公司逐步将战略重点转入深水油气资源勘探开发。我国自主研制的超深水半潜式钻井平台"海洋石油981"以及"蓝鲸一号"陆续在南海深水区作业，以及我国第一个自营的深水气田荔湾3-1 的顺利投产，标志着我国深水油气勘探开发技术取得长足进步。然而，深水资源开发是一个高投入、高科技与高风险的产业，国外发生过重大的深水油气安全事故。2010年墨西哥湾"深水地平线"号井喷事故造成了巨大的灾难，给深水油气开发的安全问题敲响了警钟。因此，如何确保深水油气资源的安全开发是亟待解决的问题。

深水钻完井过程中，深水浮式平台通过隔水管柱连接至海底防喷器，钻完井管柱从平台通过隔水管柱进入地层作业。浮式平台-管柱-防喷器连接组成一个系统装备，用于钻完井作业。该系统装备既受到海洋环境作用，与系统间又相互影响，浮式平台-管柱-防喷器的安全设计与安全操作对于确保深水油气资源的开发具有重要意义。

该书在总结前人研究成果的基础上，以浮式平台结构安全设计、钻完井管柱动力分析及其配置组合设计、防喷器系统安全设计与控制为主线，建立了深水浮式平台-管柱-防喷器系统安全设计方法，并在此基础上建立了深水浮式平台-管柱-防喷器系统安全操作方法。该书既可为相关设计人员提供设计理论，也可为现场工程师提供操作指导，同时该书也可作为石油地质类高校教师、国内外石油科研院所人员参考用书。

相信此书的出版必将为石油开发领域的设计人员、现场工程人员、科研工作者等的工作和学习带来有益的指导。

罗平亚

中国工程院院士

2017 年 10 月

前言

深海蕴藏着非常丰富的油气资源,未来世界石油地质储量的 44%将来自深海,世界海洋石油经历了从浅水到中深水、再到深水的发展历程,进入 20 世纪 80 年代后,随着北海、墨西哥湾、巴西等深水油气田的勘探发现,人类开发海洋石油的重点转向深水。目前,海洋石油已经成为世界油气开发的主要增长点,而深水油气更成为海上油气的主要增长点和科技创新的前沿。

然而,南海的深水油气田开发将面临诸多挑战。首先,南海是世界上环境条件最为恶劣的海域之一。深水环境波浪高、表面流速大、台风多发,并且南海也是内波出现频次较高的海域,海底地质条件复杂(包括海底滑坡、海底陡坎、浊流沉积层、碎屑流沉积等)。其次,我国缺乏深水油气田开发的成套装备,在深水半潜式钻井平台"海洋石油981"建造之前,我国仅能生产第二代半潜式钻井平台,只能在水深 200m 的浅海作业。另外,开发深水油气资源,不仅需要钻井平台、隔水管、钻柱、测试管柱等组成钻完井管柱,防喷器系统也是深水开发的关键设备。一旦钻完井管柱断裂、防喷器失效,将无法正常钻井,甚至影响平台安全。因此,建立深水浮式平台-管柱-防喷器系统安全设计方法与安全操作方法已成为国内外油气勘探开发领域亟待解决的重要课题之一。

《深水浮式平台-钻完井管柱-防喷器系统安全设计与操作手册》在前人研究工作的基础上,阐述了深水浮式平台-管柱-防喷器系统,深入分析了用于浮式平台设计与管柱组合配置设计的海洋环境;讨论了深水半潜式钻井平台结构设计计算关键技术与浮式平台运动分析方法,开展了浮式平台水动力载荷研究,分析了不同工况下浮式钻井平台升沉运动响应,并深入探讨了浮式平台运动耦合失稳现象;分析了平台运动对钻井作业的影响,建立了深水钻完井双层管柱动力学分析方法,并开展了深水钻完井双层管柱动力特性分析;分析了防喷器的分类及其工作原理,分析了海底防喷器基本结构与深水海底防喷器控制系统,最终在此基础上提出了浮式平台安全设计方法与安全操作方法、钻完井管柱安全设计与安全操作方法及防喷器安全设计与安全操作方法。本书的内容在深水半潜式钻井平台设计及现场作业中获得成功应用,确保了深水油气资源的安全高效开发。

在撰写本书过程中,参阅了大量的国内外资料文献,引用了一些其他作者的研究成果,在此谨向文献作者表示深深的谢意。

此外，毛良杰、李阳、谢文会、王俊荣、付强、姜哲等为本书的出版做出了贡献，多位专家对文稿进行了认真的审阅并且提出宝贵意见，"海洋石油981"平台水下工程师李毅也为本书的实践提供了宝贵意见，科学出版社在本书出版过程中给予了全力支持和帮助，在此一并表示感谢！

本书比较系统地阐述了环境载荷计算方法、深水浮式平台安全设计技术原理、深水钻完井管柱力学分析技术原理、深水防喷器系统安全设计技术原理、深水浮式平台安全操作方法、深水隔水管系统安全操作方法、深水防喷器系统安全操作方法等。由于研究内容丰富，本书只能从整体上反映深水浮式平台-钻完井管柱-防喷器系统安全设计与操作的关键技术内容，个别章节可能在深度上不够，有一些局限性。另外，研究内容涉及的专业面广，在文字编写、书面表达方面难免有疏漏或不足之处，敬请读者批评指正。

作　者

2017 年 5 月

目录

第 1 章

深水浮式平台-钻完井管柱-防喷器系统简介

1.1 深水浮式平台简介

走向深水及超深水已是当今世界海洋油气工业发展的必然趋势。深水油气开发具有高风险、高投入、高技术、高回报的特点,其具体表现形式如下:水深超过 300m、离岸远、海洋环境恶劣、钻井费用高、海上施工作业难度大等。因此,深水油气勘探开发一般采用浮式平台,主要包括以下形式:FPSO、SEMI 平台、TLP 平台、SPAR 平台等。

其中,深水半潜式钻井平台具有极强的抗风浪能力、优良的运动性能、大的甲板面积和装载容量、高效的作业效率、易于改造并具备钻井、修井等多种工作功能,可实现整体拖航,其在深海能源开采中具有其他型式平台无法比拟的优势。随着海洋开发逐渐由浅水向深水发展,深水浮式平台将会日渐增多并且广泛应用,本章以深水半潜式钻井平台为例,介绍深水浮式平台安全设计及安全操作的各方面特点。

深水半潜式钻井平台,又称深水柱稳定式钻井平台[1],如图 1-1 所示,为大部分浮体没于水面下的一种小水线面的移动式钻井平台,它是从坐底式钻井平台演变而来的,主要有上甲板、下浮体、立柱、撑杆和重要节点。上甲板用来布置一系列生产设备和生活设施。由于上甲板通常会覆盖下浮体的整宽和大部分的整长,所以半潜式钻井平台具备很大的甲板面积。立柱作为一种柱形结构,多为圆形或方形,它连接半潜式钻井平台的上下两部分,一方面为平台提供浮力,另一方面为平台提供足够的稳性。下浮体结构保证半潜式钻井平台具有足够的浮力克服自身重力,下浮体设有压载水舱,通过压载水舱内水的排出和注入来实现半潜式钻井平台的上浮和下沉。撑杆分为水平撑杆、垂直撑杆和空间撑杆,平台的各部分结构通过撑杆连接为一个整体,撑杆形状多为圆形。此外,在下浮体与下浮体、立柱与立柱、立柱与上甲板之间还有一些支撑与斜撑连接。在下浮

2 | 深水浮式平台-钻完井管柱-防喷器系统安全设计与操作手册

体间的连接支撑，一般都设在下浮体的上方，这样，当平台移位时，可使它位于水线之上，以减小阻力。平台上设有钻井设备、器材和生活楼等。平台上甲板高出水面一定高度，以免上浪，影响作业。下浮体或浮箱提供主要浮力，沉没于水下以减小波浪载荷。平台上甲板与下浮体之间连接的立柱，具有小水线面的剖面，主柱与主柱之间相隔适当距离，以保证平台的稳性，所以该类平台又有立柱稳定式平台之称。

图 1-1　典型深水半潜式钻井平台效果图

1.2　深水钻完井双层管柱系统简介

海洋油气开发深水钻井系统与地层测试系统结构，如图 1-2 所示。

海平面以上为半潜式钻井平台(或深水钻井船)[2,3]，海平面和泥线之间与海水直接接触的是隔水管柱及防喷器等井口装置，在隔水管柱内部则是用于钻井作业的钻柱或者是用于地层测试的测试管柱工具串。外部隔水管的主要作用是隔离海水、引导钻具、形成钻井液循环流道及支撑各种控制管线(节流、压井等)；钻柱则是由钻铤、加重钻杆、钻杆等管柱组成的管串；测试管柱则是由流动头、水下安全阀、水下测试树、DST 测试工具、封隔器、TCP 射孔工具组合及用于连接的油管等组成的工具串结构。由图 1-2 可知，深水钻井时，钻柱和测试管柱是通过隔水管系统进入地层进行钻井或者是测试作业。在隔水管段，即平台与海底防喷器组之间为隔水管和钻柱或者测试管柱等钻完井管柱组成的双层管柱，其中隔水管为外层管柱，钻柱或者测试管柱等钻完井管柱为内层管柱。在海洋环境载荷及平台运动下，外层隔水管会与内层钻完井管柱发生接触碰撞，进而产生耦合作用，大大降低隔水管与钻完井管柱的安全性。

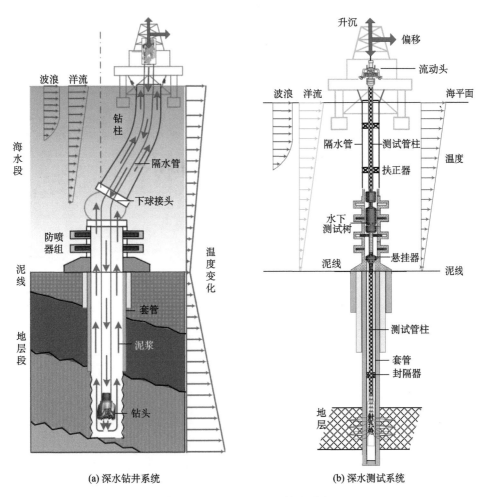

(a) 深水钻井系统　　　　　(b) 深水测试系统

图 1-2　深水钻完井双层管柱系统

1.3　海底防喷器系统简介

防喷器是井控设备中的核心设备，用于控制井口压力，实现近平衡或欠平衡压力钻井，提高钻井速度及质量。在钻井作业中，一旦发生滋流、井涌、井喷等紧急情况，操作人员应立即发出关井指令，防喷器应迅速启动关井。此时防喷器一旦失效，将导致井喷等恶性事故，造成设备损坏和人员伤亡。因此，防喷器是保证钻井作业顺利进行和人身安全的关键设备之一。

海底防喷器系统[4]（图 1-3）是海洋石油钻井行业水下器具的部件之一，是设置在海底、用来控制和防止井喷的一种井口设备。通常它有几个闸板式防喷器、囊式防喷器，还配有两条带控制阀组的压井或放喷管线及控制全套水下器具的两套控制阀组。海底防喷器组除了要求能够承受高压油、气层的压力以外，因为处在不能直接观察的条件下进行工作，所以其性能必须绝对可靠。深海抢险、逃生和救援极为困难，因此对深水防喷器组及其控制系统的技术性能和可靠性要求非常高。

(a) Hydril水下防喷器组   (b) Cameron 水下防喷器组

图 1-3　海底防喷器系统

目前，深水防喷器组控制系统的生产制造技术集中在少数外国公司手里，基本被垄断。国外的防喷器产品主要有两种控制形式：液压控制和电液控制。液压控制系统成本低、工作可靠、防爆性能好、技术相对成熟，但响应时间比较长。目前多适用于近距离和浅水钻井防喷器控制。电液控制采用电源及电气控制元件和电传感元件，先导控制时间短，从而缩短了防喷器开、关所需的时间，适合于远距离控制。电液控制系统根据电信号的传输方式，可以划分成单路电液控制系统和多路电液控制系统。所谓的单路控制是指每一个水下电磁阀在平台控制柜上都有一个与其对应的、独立的电信号传输路径。一个多芯的电缆可以提供多个信号传输路径，而电缆的铠装就作为通常的接地回路。如果水下的需求功能点特别多，就需要有足够多的电缆来传输控制信号。功能越多，控制电缆的直径越大，缠绕电缆的滚筒的直径就越大，生产制造的成本也越高。平台控制柜通过一根光缆或者通信电缆来传输全部的控制信号。控制信号经过平台上的多路控制系统连续化和编码后，通过光缆或者电缆传输到水下控制箱，水下控制箱内的电子模块将信号先后进行解码。与单路电液控制系统相比，多路控制系统的控制电缆或者光缆的数量减少许多，下放电缆的滚筒的体积也相应减少，从而节约一定的成本。此外，多路控制系统的逻电液控制的优点为响应速度快，电信号的传输时间几乎是一瞬间完成的，而液压信号的传输则需数秒甚至数十秒,水深越深,电液控制系统可以节省的时间就越多。

目前,陆地钻井由于控制距离不是很远,国内仍普遍采用技术已较成熟的气-液控制方式,而国外现已大量采用电-液控制系统。对于海洋钻井,特别是深水钻井,电-液控制防喷器已成为首选方案,在世界范围内得到广泛应用。特别是随着海洋钻井不断向深水区拓展,深水防喷器控制系统的研制与开发受到了国内外的普遍关注。

1.4 深水浮式平台-管柱-防喷器系统面临的问题

浮式平台、钻完井管柱、海底防喷器在深水钻井中是一个系统组成,三者构成了深水钻完井中海水段的一个整体(图 1-4)。然而,国内外油气公司因浮式平台、钻完井管柱、海底防喷器问题均发生过诸多重大事故。浮式平台、钻完井管柱、海底防喷器(井控装备)也是超深水油气开发面临的三大主要安全问题。

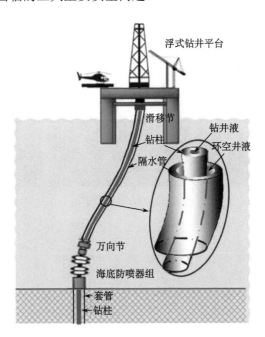

图 1-4 深水浮式平台-管柱-防喷器系统示意图

海上浮式平台在海上作业,受到波浪作用,不断变化的波浪载荷使得结构内部产生不断变化的循环应力。由这些循环应力造成的疲劳损伤是船舶及海洋工程结构的一种主要的破坏形式。1981 年,结构的疲劳损伤造成 Alexander Keyland 号半潜平台在北海沉没,成为海洋工程领域有史以来最严重的事故之一。平台一旦发生事故,将会造成各个方面非常严重的后果,包括恶劣的环境污染、巨大的经济损失、人员伤亡、地缘政治危机及其他相关的社会问题。在设计中保证结构有足够的疲劳强度,对船舶及海洋工程结构的安全性是十分重要的。

挪威科技工业研究院(SINTEF)统计1980~2010年,共发生海上井喷事故237次,其中探井81次,开发井62次,占总事故60.4%。例如,2009年PTTEP澳大利亚平台井喷事故、2010年BP墨西哥湾事故、2011年雪佛龙巴西漏油事故、2012年雪佛龙尼日利亚井喷平台沉没事故等几起重大海上钻井事故。2010年4月20日, BP在墨西哥湾的Macondo井发生井喷爆炸,36h后钻井平台"深水地平线"沉没,地层油气通过井筒和防喷器(BOP)持续喷出87天。事故造成11人失踪、17人受伤,泄漏到墨西哥湾中的原油超过了400万桶,墨西哥湾深水地平线半潜平台倾覆漏油造成的直接间接经济损失超过1000亿美元,成为美国历史上最严重的漏油事件。

深水钻完井包括隔水管、钻柱、完井管柱及测试管柱等。它们在海洋中属于细长柔性管柱,海洋环境极其恶劣,会导致管柱弯曲变形,易发生事故。2006年,LW3-1-1井钻井液作业时,受台风影响,座在转盘上的隔水管从转盘面下折断,52根隔水管及防喷器组落海。2009年,LH34-2-1井作业时,受台风影响,进行撤离,隔水管底部总成碰撞海床。两次事故均造成了严重的经济损失。浮式平台-管柱-防喷器典型事故如图1-5所示。

(a) 巴西P-36号浮式平台翻沉　　(b) 南中国海隔水管断裂事故　　(c) 深水地平线号防喷器失效井喷

图1-5　国内外浮式平台-管柱-防喷器典型事故

第 2 章

环境载荷计算方法

2.1　风载荷计算方法

浮式平台的上层建筑较复杂，水面以上暴露于空气中的面积比较大，具有较大的风倾力矩。并且，由于浮式平台的水线面面积相对较小，再加上浮式平台具有较高的重心垂向位置，使得其复原力矩相对较小。因此，风载荷对于浮式平台的运动响应有着至关重要的影响[5]。

风载荷通常可通过风洞试验进行精确测量，但其花费大、耗时耗力，因此船舶与海洋结构物的数值分析中，通常将风力及风力矩表达为

$$F_{xw} = \frac{1}{2} C_{xw} \rho_w V_{wR}^2 A_T \tag{2-1}$$

$$F_{yw} = \frac{1}{2} C_{yw} \rho_w V_{wR}^2 A_L \tag{2-2}$$

$$M_{xyw} = \frac{1}{2} C_{xyw} \rho_w V_{wR}^2 A_L L_{pp} \tag{2-3}$$

式中，V_{wR} 为海平面以上 10m 处的相对风速，m/s；A_T 为首向受风面积，m²；A_L 为测向受风面积，m²；L_{pp} 为两柱间长，m；ρ_w 为空气密度，当气温为 20℃ 时，取 $\rho_w = 1.224 \times 10^{-3} \mathrm{kN \cdot s^2 / m^4}$；$F_{xw}$、$F_{yw}$ 和 M_{xyw} 分别为纵向风力、横向风力和首摇风力矩；C_{xw}、C_{yw} 和 C_{xyw} 分别为纵向、横向和首摇风力矩系数。

2.2　流载荷计算方法

海洋中的流有很多种类型，如海流、潮流、洋流、密度流和环流等。由于海流的变化比较缓慢，在对海洋平台的数值分析中常将其视作稳定的流动。作用于平台上的流载荷由流作用力 $F_{current}$ 和力矩 $M_{current}$ 组成，同样具有分量 F_{xc}、F_{yc} 和 M_{xyc}，其一般表达式为

$$F_{xc} = \frac{1}{2} C_{xc} \rho_c V_{cR}^2 T L_{pp} \tag{2-4}$$

$$F_{yc} = \frac{1}{2} C_{yc} \rho_c V_{cR}^2 T L_{pp} \tag{2-5}$$

$$M_{xyc} = \frac{1}{2} C_{xyc} \rho_c V_{cR}^2 T L_{pp}^2 \tag{2-6}$$

式中，V_{cR} 为平均相对流速，m/s；T 为平均吃水，m；L_{pp} 为两柱间长，m；ρ_c 为海水密度，当气温为 20℃ 时，取 $\rho_c = 1.224 \times 10^{-3} \, \text{kN} \cdot \text{s}^2 / \text{m}^4$；$F_{xc}$、$F_{yc}$ 和 M_{xyc} 分别为纵向流力、横向流力和首摇流力矩；C_{xc}、C_{yc} 和 C_{xyc} 分别为纵向流力系数、横向流力系数和首摇流力矩系数。

2.3　波浪力计算方法

2.3.1　波浪理论

1. 自由面波浪的边界值问题(BVP)

表面波浪理论经过一个多世纪的发展，经历了以线性波(Airy 波)、斯托克斯波(Stokes)、椭圆余弦波等为代表的波浪模型[6,7]。Stoker(1968 年)和 Lighthill(1978 年)给出了表面波的细化处理。该问题的推导始于边界值问题的建立，忽略了流体的黏性效应，以流体的速度势 $\Phi(x, y, z)$ 来描述流体的属性，包含了速度和流体压力：

$$u = \frac{\partial \Phi}{\partial x}, \quad v = \frac{\partial \Phi}{\partial y}, \quad w = \frac{\partial \Phi}{\partial z} \tag{2-7}$$

$$p = -\rho g z - \rho \frac{\partial \Phi}{\partial t} - \frac{1}{2} \rho (\Phi_x^2 + \Phi_y^2 + \Phi_z^2) \tag{2-8}$$

式中，u、v、w 为笛卡儿坐标系下流体在 x、y、z 三个方向的速度分量。式(2-8)为 Bernoulli 方程，描述的是压力 p 在密度为 ρ 的流体域内与流体速度和速度势变化率的关系。

对不可压缩、无黏、无旋的连续流体，其控制方程可通过 Laplace 方程来描述：

$$\nabla^2 \Phi = \frac{\partial^2 \Phi}{\partial x^2} + \frac{\partial^2 \Phi}{\partial y^2} + \frac{\partial^2 \Phi}{\partial z^2} = 0 \tag{2-9}$$

为求解控制方程，需要定义流体域足够的边界条件。下面介绍常用的波浪理论边界条件。对一个海底平整的流体域，海底面方向流体速度为 0，即

$$\frac{\partial \Phi}{\partial z} = 0, \qquad 在 \ z = -d \tag{2-10}$$

式中，d 为水深。

而在流体自由面，波浪受另外两个边界条件控制：运动学边界条件和动力学边界条件。运动边界条件描述的是某一瞬时自由面上的质点将会保持在自由面上，即

$$\frac{\partial \eta}{\partial t} + u \frac{\partial \eta}{\partial x} + v \frac{\partial \eta}{\partial y} - \frac{\partial \Phi}{\partial z} = 0, \qquad 在自由面 \ z = \eta \tag{2-11}$$

式中，$\eta(x, y, t)$ 为自由面。

动力学边界条件是基于自由面压力为常数的假设，且等于大气压，即

$$\rho \frac{\partial \Phi}{\partial t} + \frac{1}{2} \rho [\Phi_x^2 + \Phi_y^2 + \Phi_z^2] + \rho g z = 0, \qquad 在自由面 \ z = \eta \tag{2-12}$$

由于自由面边界条件的非线性(自由面动力边界条件中的速度平方项，自由面运动边界条件的速度乘积项)，加之自由面的波动未知，获得满足上述各类边界条件下 Laplace 方程的准确解非常困难。求解该方程的最常见方法是假设小波幅(相对于波长和水深)，将摄动理论用于求解 Laplace 方程，获得部分满足上述边界条件的近似解。

摄动理论假设速度势 $\Phi(x, y, z)$ 可近似描述为一个无量纲摄动参数 ε 的级数，即

$$\Phi = \sum_{n=1}^{\infty} \varepsilon^n \Phi^{(n)} \tag{2-13}$$

式中，$\Phi^{(n)}$ 是速度势 Φ 的 n 阶解，摄动参数 ε 通过波陡定义为

$$\varepsilon = \frac{2A}{L} = \frac{kA}{\pi} \tag{2-14}$$

其中，波数 $k = 2\pi / L$。

同样，波面高程 η 也可以表示为

$$\eta = \sum_{n=1}^{\infty} \varepsilon^n \eta^{(n)} \tag{2-15}$$

式(2-13)和式(2-15)的级数有效的前提是摄动参数 ε 较小，从而高阶项明显小于低阶项。

将式(2-13)和式(2-14)代入 Laplace 方程和相应的边界条件，自由面边界条件写为静水面($z=0$)的泰勒级数，从而 Laplace 控制方程和边界条件可以分阶求解，从第一阶(线性)开始计算。以下章节将介绍一阶(线性 ε)和二阶(ε^2)波浪理论[8]。

2. 线性波浪理论

通过摄动理论，可以将 Laplace 方程和边界条件利用摄动参数 ε 的不同阶来描述。线性波浪理论只保留 Laplace 方程的一阶解，即近似考虑速度势 $\varPhi$ 和波面 η 级数的第一项，从而控制方程为

$$\nabla^2 \varPhi^{(1)} = 0 \tag{2-16}$$

海底边界条件

$$\varPhi_z^{(1)} = 0, \qquad 在 \ z = -d \tag{2-17}$$

且式(2-11)和式(2-12)描述的自由面边界条件可简化为

$$\eta_t^{(1)} - \varPhi_z^{(1)} = 0, \qquad 在静水面 \ z=0$$

和

$$\varPhi_t^{(1)} - g\eta^{(1)} = 0, \qquad 在静水面 \ z=0$$

约去 $\eta^{(1)}$，组合成公式

$$\frac{\partial \varPhi^{(1)}}{\partial t^2} + g \frac{\partial \varPhi^{(1)}}{\partial z} = 0, \qquad 在静水面 \ z=0 \tag{2-18}$$

对于频率为 ω、波数为 k、相位为 φ 的表面波，满足上述控制方程和边界条件的一阶速度势可写为

$$\varPhi^{(1)} = \mathrm{Re}\left[\frac{-\mathrm{i}gA}{\omega} \frac{\cosh k(z+d)}{\cosh kd} \mathrm{e}^{\mathrm{i}(kx-\omega t+\varphi)} \right] \tag{2-19}$$

式中，i 为虚部；A 为波幅

$$\boldsymbol{k} = k\cos\theta \boldsymbol{e}_x + k\sin\theta \boldsymbol{e}_y$$

$$\boldsymbol{x} = x\boldsymbol{e}_x + y\boldsymbol{e}_y$$

其中，$\boldsymbol{e}_x$ 和 $\boldsymbol{e}_y$ 分别是沿着 x 和 y 方向的方向向量；θ 为浪向与 x 轴的夹角(右手法则)。

根据式(2-18)可以求得一阶波面为

$$\eta^{(1)} = A\cos(\boldsymbol{k}\boldsymbol{x} - \omega t + \varphi) \tag{2-20}$$

将一阶速度势代入组合自由面边界条件方程，即式(2-20)，可得线性弥散方程

$$\omega^2 = gk\tanh(kd) \tag{2-21}$$

弥散关系表明了根据频率 ω、波数 k 和水深 d 三个参数中任何两个参数可以求得另一个参数，实质上给出了波长和波浪周期之间的关系。

将式(2-19)的一阶速度势代入式(2-7)，则可获得水质点在 x、y、z 三个方向的速度分量：

$$u(t,x,z) = \frac{\partial \Phi^{(1)}}{\partial x} = \mathrm{Re}\left\{\frac{gkA}{\omega}\frac{\cosh[k(z+d)]}{\cosh(kd)}\mathrm{e}^{\mathrm{i}(kx-\omega t+\varphi)}\cos\theta\right\}$$

$$v(t,x,z) = \frac{\partial \Phi^{(1)}}{\partial y} = \mathrm{Re}\left\{\frac{gkA}{\omega}\frac{\cosh[k(z+d)]}{\cosh(kd)}\mathrm{e}^{\mathrm{i}(kx-\omega t+\varphi)}\sin\theta\right\} \qquad (2\text{-}22)$$

$$w(t,x,z) = \frac{\partial \Phi^{(1)}}{\partial z} = \mathrm{Re}\left\{\frac{-\mathrm{i}gkA}{\omega}\frac{\sinh[k(z+d)]}{\cosh(kd)}\mathrm{e}^{\mathrm{i}(kx-\omega t+\varphi)}\right\}$$

从而水质点的加速度可以通过对速度分量求时间的偏导得到，忽略高阶对流项：

$$\dot{u}(t,x,z) \approx \frac{\partial u}{\partial t} = \mathrm{Re}\left\{-\mathrm{i}gkA\frac{\cosh[k(z+d)]}{\cosh(kd)}\mathrm{e}^{\mathrm{i}(kx-\omega t+\varphi)}\cos\theta\right\}$$

$$\dot{v}(t,x,z) \approx \frac{\partial v}{\partial t} = \mathrm{Re}\left\{-\mathrm{i}gkA\frac{\cosh[k(z+d)]}{\cosh(kd)}\mathrm{e}^{\mathrm{i}(kx-\omega t+\varphi)}\sin\theta\right\} \qquad (2\text{-}23)$$

$$\dot{w}(t,x,z) \approx \frac{\partial w}{\partial t} = \mathrm{Re}\left\{gkA\frac{\sinh[k(z+d)]}{\cosh(kd)}\mathrm{e}^{\mathrm{i}(kx-\omega t+\varphi)}\right\}$$

以上推导的波动力学方程将会用于细长体在波浪中的水动力载荷计算。

3. 二阶波浪理论

当有限波幅相对较大时，则需要获得高阶速度势的解。可以通过展开级数获得高阶解。在控制方程和边界条件中考虑 ε^2 项，从而二阶速度势的控制方程即为 Laplace 方程

$$\nabla^2 \Phi^{(2)} = 0 \qquad (2\text{-}24)$$

其定解条件为

海底边界条件

$$\Phi_z^{(2)} = 0, \qquad \text{在 } z=-d \qquad (2\text{-}25)$$

自由面运动学边界条件

$$\eta_t^{(1)} - \Phi_z^{(2)} - \eta^{(1)}\Phi_{zz}^{(1)} + \eta_x^{(1)}\Phi_x^{(1)} + \eta_y^{(1)}\Phi_y^{(1)} = 0, \qquad \text{在静水面 } z=0 \qquad (2\text{-}26)$$

自由面动力学边界条件

$$g\eta^{(2)} + \Phi^{(2)} + \eta_x^{(1)}\Phi_{tx}^{(1)} + \frac{1}{2}(\nabla\Phi^{(1)})^2 = 0, \qquad \text{在静水面 } z=0 \qquad (2\text{-}27)$$

对于有限水深，波浪的二阶速度势的解为

$$\Phi^{(2)} = \mathrm{Re}\left\{\frac{3}{8}\omega A^2\frac{\cosh[2k(z+d)]}{\sinh^4(kd)}\mathrm{e}^{\mathrm{i}(2kx-2\omega t+\varphi)}\right\} \qquad (2\text{-}28)$$

从而可获得二阶自由波面为

$$\eta^{(2)} = A^2 k\frac{\cosh(kd)}{\sinh^3(kd)}[2+\cosh(2kd)]\cos(2kx-2\omega t) \qquad (2\text{-}29)$$

二阶速度势的解[式(2-28)]叠加一阶速度势的解[式(2-29)]即得到了二阶波浪，即斯托克斯(Stokes)二阶波理论。

对于大型浮体水动力计算而言，计算相应的一阶和二阶速度势时应考虑浮体的绕射和辐射效应[9,10]。而对于平台的细长构件，如系泊缆、立管、脐带缆、细长的横撑等构件，通常不必考虑构件对速度势的绕射和辐射效应，二阶效应也可以忽略。

4. 随机波浪理论

海洋波浪是不规则的，且是随机的。波浪主要包括风生浪(海浪)和浪生浪(涌浪、涌)。充分成长的海况通常可以用能量谱的形式来描述波浪能量在频率上的分布，可以离散成不同频率、不同波幅、随机相位的规则波成分的叠加。海浪谱通常是窄带谱，近似于 Rayleigh 分布。

目前常用的波浪谱公式有 PM 谱、JONSWAP 谱等[11]，基于风速、有效波高、谱峰周期等参数来描述波浪的能量分布[12-14]。对于一个波谱 $S(\omega)$，其对应的长峰波可假设是通过大量随机相位的线性波浪成分组成的，可表示为

$$\eta(t,x) = \sum_{i=1}^{N} A_i \cos(\boldsymbol{k}_i \boldsymbol{x} - \omega_i t + \varphi_i) = \mathrm{Re}\left[\sum_{i=1}^{N} A_i \mathrm{e}^{\mathrm{i}(\boldsymbol{k}_i \boldsymbol{x} - \omega_i t + \varphi_i)}\right] \tag{2-30}$$

式中，$A_i = \sqrt{2S(\omega_i)\Delta\omega_i}$，$\Delta\omega$ 为波浪成分的频率间隔；N 为波浪成分的数量；φ_i 为各成分平均分布于 0 到 2π 的随机相位。因此，足够小的 $\Delta\omega$(或者较大的 N)是保证波浪模拟准确性的必要条件。一般来说，超过 500 个波浪成分分布在 0.2~1.2rad/s 的频率范围内，可以避免一个小时模拟的多次重复。因此，过大的 N 势必带来大量的计算时间，特别是需要考虑高阶波浪的时候(如二阶波浪力相应的计算代价为 N^2)。

2.3.2 细长构件的波浪载荷计算

海洋工程结构物波浪载荷的预报是进行浮体运动预报的基础工作。细长构件的波浪载荷计算常用的方法是不考虑构件对波浪的绕射和辐射效应，根据 Morison 公式考虑惯性力项和黏性力项。

在流体动力学上的 Morison 公式是一个半理论半经验的公式，该公式也称作 MOJS 方程——Morison、O'Brien、Johnson 和 Schaaf 四位作者的首字母。该公式广泛应用于海洋平台(导管架平台)、立管、脐带缆等海洋结构物(构件)的波浪力计算。

Morison 公式的理论性体现在将作用在杆件上的波浪力分为与相对运动加速度成正比的惯性力项和与相对速度成平方关系的拖曳力项；而其经验性则体现在惯性力系数和拖曳力系数是通过试验、数值分析等经验手段获取，影响这些水动力系数的主要参数有 KC(Keulegan–Carpenter)数、Reynolds 数、表面糙度等。

Morison 公式可表示为

$$F = F_{\mathrm{I}} + F_{\mathrm{D}} = \rho C_{\mathrm{m}} V \dot{u} + \frac{1}{2}\rho C_{\mathrm{d}} A u |u| \tag{2-31}$$

式中，惯性力 $F_{\mathrm{I}} = \rho C_{\mathrm{m}} V \dot{u}$，是 Froude–Krylov 力 $\rho V \dot{u}$ 和水动力质量力 $\rho C_{\mathrm{a}} V \dot{u}$ 之和，

$C_m = 1 + C_a$；拖曳力 $F_D = \dfrac{1}{2}\rho C_d A |u|$；$u$、$\dot{u}$ 为质点速度和加速度；系数 C_m 和 C_d 通过试验获取。

对于运动的物体，其波浪力的计算则应考虑物体自身的运动速度，即在计算公式中考虑水质点相对于物体的运动速度：

$$F = \rho V \dot{u} + \rho C_a V (\dot{u} - \dot{v}) + \frac{1}{2}\rho C_d A (u - v)|u - v| \tag{2-32}$$

式中，v 和 $\dot{v}$ 为物体的运动速度和加速度。

2.3.3 深水大型浮体波浪荷载计算

对于深水大型浮体，其水动力的计算一般是考虑浮体本身的绕射效应及浮体运动引起水体波动产生的辐射效应，即三维势流理论中的辐射和绕射理论[16-18]。目前的众多商业软件均根据辐射和绕射理论来计算深水浮体的水动力性能和水动力载荷。主要的水动力参数包括浮体在不同波浪频率、不同浪向下的附加质量、势流阻尼、一阶运动 RAO、浮体静水回复力刚度等；而水动力载荷则包括作用在浮体六个自由度上的一阶激励载荷传递函数和作用在浮体上的高阶激励载荷传递函数。目前，理论上和实际工程中主要考虑二阶激励载荷，包括随机波各不同成分之间、不同浪向之间的差频与和频波浪力。

考虑入射波与三维大型浮体之间的边界值问题，速度势 Φ 满足 Laplace 方程，同时应满足海底边界条件和自由面边界条件(压力边界条件、运动边界条件)。

如果物体存在于流体域内，且浮体表面用法向方向描述，则物体表面的边界条件可表示为[15]

$$\frac{\partial \Phi}{\partial n} = V_n, \qquad 在物体表面上 \tag{2-33}$$

式中，V_n 是物体在其表面上的法向运动速度。

此外，辐射势和散射势（Φ_D 和 Φ_R）会在远处渐渐耗散，在远场边界条件上满足 Sommerfeld 辐射条件

$$\lim_{r \to \infty} \sqrt{r}\left(\frac{\partial \Phi_{D,R}}{\partial r} \pm ik\Phi\right) = 0 \tag{2-34}$$

式中，r 是离物体中心的距离。

同理用摄动理论展开速度势，得

$$\Phi(\boldsymbol{x}, t) = \sum_{n=1}^{\infty} \varepsilon^n \Phi^{(n)}(\boldsymbol{x}, t) \tag{2-35}$$

把自由面边界条件和物体边界条件展开成关于平均位置的泰勒级数，并保留同等阶次的项。这样，就可以得到某个阶次的边界值问题。

对于大型浮体的水动力计算而言，一般只考虑一阶速度势和二阶速度势。

总的速度势可以分解成入射势 $\varPhi_1$、散射势 $\varPhi_D$ 和辐射势 $\varPhi_R$：

$$\varPhi = \sum_{n=1}^{2} \varepsilon^n (\varPhi_1^{(n)} + \varPhi_D^{(n)} + \varPhi_R^{(n)}) \tag{2-36}$$

2.4 内波流荷载计算方法

南海海洋环境条件十分恶劣，比较典型的特点是内波流频发，且强度大。系泊定位或动力定位条件下，浮式平台受到内波流载荷的作用，会发生大范围的偏移，内波流载荷的获取是内波流作用下平台偏移计算的重要基础，当平台的偏移超出一定范围时，则会影响深水钻井作业的进行，甚至威胁平台系泊系统和钻井系统的安全[19]。

浮式平台的内波流载荷获取方法，包括以下步骤：

1. 建立内波流的描述方程

$$\frac{\partial \eta(x,t)}{\partial t} + \left[C_0 + \alpha\eta(x,t)\right]\frac{\partial \eta(x,t)}{\partial x} + \beta\frac{\partial^3 \eta(x,t)}{\partial x^3} = 0 \tag{2-37}$$

式中，$\eta(x,t)$ 为内波流的波面时程；t 为时间；x 为目标浮式平台的坐标；C_0 为内波流的线性速度；α 为非线性参数；β 为弥散参数。

2. 获取内波流的波面时程

根据式(2-37)可以推导得出内波流的波面时程表示为

$$\eta(x,t) = \pm\eta_0 \sec\left[h^2\left(\frac{x-C_p t}{l}\right)\right] \tag{2-38}$$

式中，C_p 为内波流的非线性速度；l 为内波流的特征波长；η_0 为内波流的波幅。

3. 获取内波流流速和加速度

假设内波流有两个分层，上层流体流速 u_1 与下层流体流速 u_2 相反，上层流体厚度为 h_1，下层流体厚度为 h_2，上层流体密度为 ρ_1，下层流体密度为 ρ_2，对式(2-38)进行求导得到内波流的上层流体流速 u_1 和下层流体流速 u_2

$$\begin{cases} u_1 = \pm\dfrac{C_0\eta_0}{h_1}\sec\left[h^2\left(\dfrac{x-C_p t}{l}\right)\right] \\[3mm] u_2 = \mp\dfrac{C_0\eta_0}{h_2}\sec\left[h^2\left(\dfrac{x-C_p t}{l}\right)\right] \end{cases} \tag{2-39}$$

然后对式(2-39)进行求导即可得到内波流的上层流体加速度 a_1 和下层流体加速度 a_2

$$\begin{cases} a_1 = \dfrac{\mathrm{d}u_1}{\mathrm{d}t} = \pm\dfrac{2C_0\eta_0 C_p}{h_1}\sec\left[h^3\left(\dfrac{x-C_p t}{l}\right)\right]\tanh\left(\dfrac{x-C_p t}{l}\right) \\[3mm] a_2 = \dfrac{\mathrm{d}u_2}{\mathrm{d}t} = \mp\dfrac{2C_0\eta_0 C_p}{h_2}\sec\left[h^3\left(\dfrac{x-C_p t}{l}\right)\right]\tanh\left(\dfrac{x-C_p t}{l}\right) \end{cases} \qquad (2\text{-}40)$$

4. 求取内波流载荷

根据内波流的描述方程得到内波流流速、加速度的分布,将浮式平台的内波流载荷 F 分成拖曳力 F_D 和惯性力 F_I 两部分,即

$$F = F_D + F_I \qquad (2\text{-}41)$$

式中,拖曳力 F_D 可表示为

$$F_D = \frac{C_d}{2}\rho A u^2 \qquad (2\text{-}42)$$

其中,A 为受流面积;ρ 为海水密度,u 为内波流流速,当浮体处在上层流体中时,$\rho=\rho_1$,$u=u_1$,当浮体处在下层流体中时,$\rho=\rho_2$,$u=u_2$;C_d 为拖曳力系数,根据模型试验方法或者根据规范的方法来计算获得。惯性力 F_I 可表示为

$$F_I = C_m\rho V a \qquad (2\text{-}43)$$

其中,V 为目标浮式平台的排水量;a 为内波流加速度,当浮体处在上层流体中时:$a=a_1$,当浮体处在下层流体中时,$a=a_2$;C_m 为附加质量系数,根据势流理论的水动力软件计算获得。

第3章

深水浮式平台安全设计原理及方法

3.1 浮式平台稳性分析

3.1.1 稳性

　　浮式平台在作业时，由于受到风浪等外力作用，使其离开原来的平衡位置而产生偏移和倾斜，之后由于平台自身所具有的恢复能力回到平衡位置。浮式平台经常处于上述平衡与不平衡的往复运动之中，为了平台的安全，要求平台具有良好的恢复平衡的能力[20-22]。

　　如图 3-1 所示，若平台在倾斜力矩作用下缓慢地倾斜一个小角度，其水线由 WL 变为 W_1L_1，由于平台质量在倾斜前后没有改变，则其重心将保持原来的位置，排水体积也没有改变，但由于水线位置的变化使得排水体积的形状发生了改变，故浮心由原来的 B 点移至 B_1 点，此时重心和浮心不再位于同一直线上，因而浮力与重力形成一对力偶 M_R，

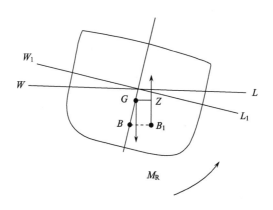

图 3-1　平台的倾斜与恢复

这个力偶称为恢复力矩，它与倾斜力矩的方向相反，起着抵抗倾斜的作用，若倾斜力矩消失，恢复力矩将促使平台回到原来的平衡位置。浮式平台在外力作用下离开平衡位置，当外力消除后又能够恢复到平衡位置的能力称为稳性。

倾斜力矩的大小取决于风浪等环境条件，恢复力矩的大小取决于平台排水量、重心高度及浮心移动的距离等因素，讨论浮式平台的稳性问题就是研究倾斜力矩和恢复力矩之间的数学关系。稳性可以作如下分类：

1. 按倾斜力矩的性质分类

(1) 静稳性：在静态外力作用下，不计及倾斜角速度的稳性。
(2) 动稳性：在动态外力作用下，计及倾斜角速度的稳性。

2. 按平台倾斜方向分类

平台向左舷或右舷倾斜时的稳性称为横稳性，向艏部或艉部倾斜时的稳性称为纵稳性。

3. 按平台倾斜角度大小分类

(1) 初稳性。它也称小倾角稳性，一般指倾角小于 10° 或平台上甲板边缘开始入水前(取其小者)的稳性。
(2) 大倾角稳性。一般指倾角大于 10° 或平台上甲板边缘开始入水后的稳性。

4. 按平台结构完整性分类

(1) 完整稳性。平台结构完整状态下的稳性。
(2) 破舱稳性。它又称破损稳性，平台结构破损进水后的剩余稳性。

3.1.2 初稳性

如图 3-2 所示，当平台发生小角度倾斜时，浮心从 B 点移至 B_1 点，此时浮力作用线与平台剖面中线 z 相交于点 M，该点称为初稳心，BM 称为稳心半径，GM 的长度称为初稳性高。稳心位置与平台主尺度和船型有关，而重心与平台的装载状态有关，两者中只要一个改变，就会引起 GM 长度的改变，从而影响平台的稳性，因此，GM 的长度是衡量平台初稳性的一个重要指标。

3.1.3 大倾角稳性

当平台遭遇恶劣风浪条件时，初稳性的假定条件将不再适用，因而不能再用初稳性来判别平台是否具有足够的稳性。如图 3-3 所示，平台倾斜一个大角度 ϕ 后，水线位置变为 $W_\phi L_\phi$，浮心 B_0 点移至 B_ϕ 点，但其移动曲线不再是圆弧，因而浮力作用线与平台剖面中线不再交于初稳心 M 点。

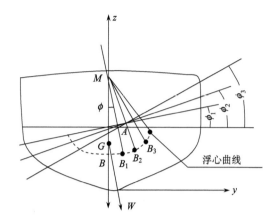

图 3-2　稳心与稳心半径

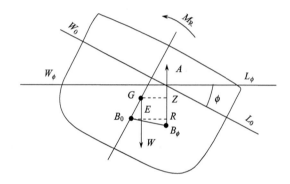

图 3-3　平台的大倾角倾斜

　　此时，恢复力臂 l 随倾角而变化，无法用简单公式计算，通常根据计算结果绘制成如图 3-4 所示的静稳性曲线，作为衡量平台大倾角稳性的依据。平台受到的倾斜力矩如果是静力性质的，那么倾斜力矩所做的功全部转化为平台位能，其数值等于静稳性曲线下的面积，这个面积越大，平台的稳性越高。

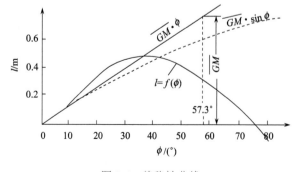

图 3-4　静稳性曲线

3.1.4　稳性准则

浮式平台的完整稳性和破舱稳性应当满足国际准则和各国规范要求。例如 IMO MODU CODE 2001 与 ABS MODU 2006 假定平台处于无系泊约束的漂浮状态，在任何浮态均应当保持稳心高为正。

1. 完整稳性要求

（1）运输与作业工况下应具备足够的稳性以抵御不小于 36m/s（70 knots）风速，生存工况下能抵御不小于 51.5m/s（100knots）风速。

（2）静稳性曲线与风倾力矩曲线（图 3-5）下所包含的面积满足：$(A+B) \geqslant 1.3(B+C)$。

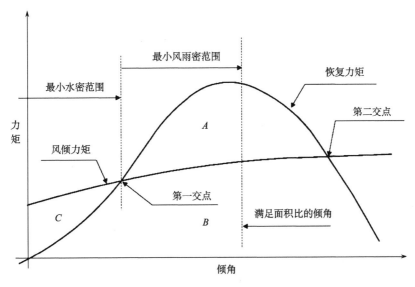

图 3-5　完整稳性曲线

2. 破舱稳性要求

（1）平台发生破舱后的稳性能力能够抵抗不小于 25.8m/s（50knots）的风速。

（2）发生破舱后的平台承受风速为 25.8m/s（50knots）的风倾力矩时，稳性曲线与风倾力矩曲线（图 3-6）的第一、第二交点之间跨越的角度大于 7°。

（3）发生破舱后的平台承受风速为 25.8m/s（50knots）的风倾力矩时，稳性曲线与风倾力矩曲线（图 3-7）的第一、第二交点之间必须存在某一倾角，在该处恢复力矩达到风倾力矩的 2 倍。

（4）IMO MODU CODE 要求，发生破舱后的平台重新建立平衡时，水面以下部分应当保持水密，新平衡状态的水面必须低于风雨密浸水口至少 4m，或者浸水角大于平衡角至少 7°。

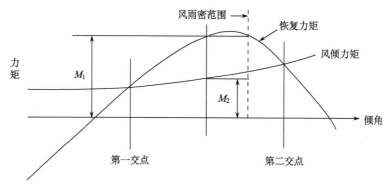

图 3-6 破舱稳性曲线

$M_1/M_2 \geqslant 2$

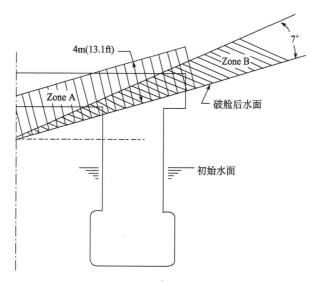

图 3-7 破舱状态风雨密要求示意图

Zone A. 风雨密范围；Zone B. 水密范围

（5）IMO MODU CODE 要求，发生破舱后的平台倾斜角不大于 25°。

3. 破舱范围

计算破舱稳性时遵循下列原则：

（1）立柱破舱仅发生在靠近外侧表面。

（2）立柱破舱可能发生在水面以上 5m、水面以下 3m 的区域内，破舱口的竖向尺度为 3m，如果破舱范围内有舱壁，则假定与该舱壁临近的两个舱室均发生破舱。

（3）立柱发生破舱时，破口侵入深度为 1.5m。

（4）浮箱或横撑破舱仅在运输过程中发生，破舱范围与程度与立柱相同。

4. 稳性分析方法

(1) 计算不同方向、不同横倾角时平台受到的风载荷及风力作用中心位置，从而得到风倾力矩；

$$F = 0.5C_SC_H\rho V^2 A \tag{3-1}$$

式中，F 为风载荷；C_S 为形状系数（具体数据见表 3-1）；C_H 为高度系数（具体数据见表 3-2）；ρ 为空气密度（1.222kg/m^3）；V 为风速；A 为平台受风物体投影面积。

表 3-1　风力形状系数表

参数	球	柱	大尺度平面	井架	线	梁	小部件	孤立物体	集中建筑
C_S	0.4	0.5	1.0	1.25	1.2	1.3	1.4	1.5	1.1

表 3-2　风力高度系数表

高度/m	C_H	高度/m	C_H
0~15.3	1.00	137.0~152.5	1.60
15.3~30.5	1.10	152.5~167.5	1.63
30.5~46.0	1.20	167.5~183.0	1.67
46.0~61.0	1.30	183.0~198.0	1.70
61.0~76.0	1.37	198.0~213.5	1.72
76.0~91.5	1.43	213.5~228.5	1.75
91.5~106.5	1.48	228.5~244.0	1.77
106.5~122.0	1.52	244.0~256.0	1.79
122.0~137.0	1.56	>256	1.80

(2) 建立平台湿表面模型、质量模型。

(3) 根据平台水密性能数据定义浸水口。

(4) 指定吃水，使用静水力计算程序计算平台在不同横倾角时的恢复力矩，获得初稳性、浸水口入水横倾角。

(5) 绘制稳性曲线、风倾力矩曲线，确定两曲线交点所对应的横倾角。

(6) 根据稳性要求校核平台稳性。

(7) 在运输工况和生存工况的范围内改变吃水，返回第(4)步重新计算，获得各吃水情况下的重心允许高度。

上述稳性分析方法适用于完整稳性和破舱稳性分析，所不同的是两种工况下平台装载情况和初始倾角、稳性要求等，此外破舱稳性分析过程中还应考虑到破损舱室的充水率、破损舱室的工况组合对稳性的影响。

5. 稳性分析流程

稳性分析流程图如图 3-8 所示。

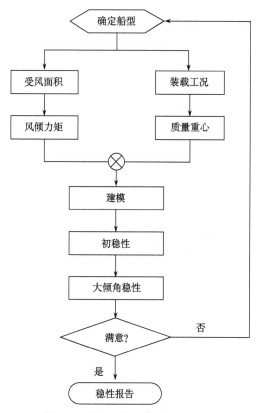

图 3-8　浮式平台稳性分析流程图

6. 需进行稳性分析的关键点

稳性分析的关键点如下：
(1) 平台浮体干拖时的装船/下水过程。
(2) 湿拖过程。
(3) 平台安装过程。
(4) 平台在位状态。

3.2　浮式平台运动分析方法

3.2.1　平台运动频域分析方法

深水浮式平台频域运动控制方程可表述为

$$[\boldsymbol{M} + \boldsymbol{M}^a(\omega)]\ddot{\varsigma} + \boldsymbol{C}(\omega)\dot{\varsigma} + \boldsymbol{K}\varsigma = \boldsymbol{F}(\omega) \tag{3-2}$$

式中，$\boldsymbol{K}$ 为自由浮体的静水回复力刚度矩阵；$\boldsymbol{C}(\omega)$ 波浪阻尼矩阵；$\boldsymbol{M}^a(\omega)$ 为附加质量矩阵；ς 为平台六自由度运动向量；$\boldsymbol{F}(\omega)$ 为载荷，包含了波浪激励力和系泊系统约束力；$\boldsymbol{M}$ 为刚体的质量矩阵，其表达式为

$$\boldsymbol{M} = \begin{bmatrix} m & 0 & 0 & 0 & mz_G & -my_G \\ 0 & m & 0 & -mz_G & 0 & mx_G \\ 0 & 0 & m & my_G & -mx_G & 0 \\ 0 & -mz_G & my_G & I_{11} & I_{12} & I_{13} \\ mz_G & 0 & -mx_G & I_{21} & I_{22} & I_{23} \\ -my_G & mx_G & 0 & I_{31} & I_{32} & I_{33} \end{bmatrix} \tag{3-3}$$

式 (3-3) 中刚体质量 m 定义为

$$m = \iiint_{V_B} \rho \mathrm{d}V_B \tag{3-4}$$

(x_G, y_G, z_G) 为重心坐标，转动惯量的公式为

$$I_{ij} = \iiint_{V_B} \rho(x \cdot x \delta_{ij} - x_i x_j) \mathrm{d}V_B \tag{3-5}$$

式中，V_B 为结构体积积分；δ_{ij} 为 Kronecker delta 函数。

浮体自身的回复力刚度矩阵 $\boldsymbol{K}$ 各项系数为

$$k_{33} = \rho g \iint_{S_B} n_z \mathrm{d}S, \quad k_{34} = \rho g \iint_{S_B} y n_z \mathrm{d}S$$

$$k_{35} = -\rho g \iint_{S_B} x n_z \mathrm{d}S, \quad k_{44} = \rho g \iint_{S_B} y^2 n_z \mathrm{d}S + \forall \rho g z_b - m g z_g$$

$$k_{45} = -\rho g \iint_{S_B} xy n_z \mathrm{d}S, \quad k_{55} = \rho g \iint_{S_B} x^2 n_z \mathrm{d}S + \forall \rho g z_b - m g z_g$$

$$k_{46} = -\rho g \forall x_b + m g x_g, \quad k_{56} = -\rho g \forall y_b + m g y_g$$

在频域内求解，需要对相关的非线性要素进行线性化处理。主要的非线性包括：拖曳力和系泊系统的非线性。系泊系统线性化处理后可把系泊刚度放入回复力矩阵中，该处理方式主要用于简化分析计算。

激励载荷包括一阶和二阶波浪力

$$[\boldsymbol{M} + \boldsymbol{M}^a(\omega)]\ddot{\varsigma} + \boldsymbol{C}(\omega)\dot{\varsigma} + (\boldsymbol{K} + \boldsymbol{K}_s)\varsigma = \boldsymbol{F}_I^{(1)}(\omega) + \boldsymbol{F}_I^{(2)}(\omega) \tag{3-6}$$

式中，$\boldsymbol{F}_I^{(1)}(\omega)$ 为一阶波浪力；$\boldsymbol{F}_I^{(2)}(\omega)$ 为二阶波浪力。

在一阶波浪力和二阶波浪力作用下的平台的运动可以表示为

$$\varsigma^{(1)}(\omega) = \mathrm{RAO}(\omega) F_{ij}^{(1)}(\omega) \tag{3-7}$$

$$\varsigma^{(2)\pm}(\omega^\pm) = \mathrm{RAO}(\omega^\pm) F_{ij}^{(2)\pm}(\omega^\pm) \tag{3-8}$$

式中，$\mathrm{RAO}(\omega)$ 是响应幅度因子(或频响函数或传递函数)，定义为

$$\mathrm{RAO}(\omega) = \left[-\omega^2 (\boldsymbol{M} + \boldsymbol{M}^a) - \mathrm{i}\omega \boldsymbol{C} + (\boldsymbol{K} + \boldsymbol{K}_s) \right]^{-1} \tag{3-9}$$

获取 RAO 之后, 平台在随机波浪力的作用下的运动可以通过线性谱分析方法得到

$$S_\varsigma(\omega) = |\mathrm{RAO}(\omega)|^2 \left[S_\mathrm{F}^{(1)}(\omega) + S_\mathrm{F}^{(2)}(\omega) \right] \tag{3-10}$$

式中, $S_\varsigma(\omega)$ 是平台运动响应谱; $S_\mathrm{F}^{(1)}(\omega)$ 和 $S_\mathrm{F}^{(2)}(\omega)$ 是一阶、二阶波浪力谱。

3.2.2 平台运动时域分析方法

平台时域运动控制方程可描述为

$$[\boldsymbol{M} + \boldsymbol{M}^a]\ddot{\varsigma} + \boldsymbol{K}\varsigma = \boldsymbol{F}_\mathrm{I}(t) + \boldsymbol{F}_\mathrm{C}(t, \dot{\varsigma}) + \boldsymbol{F}_\mathrm{n}(t, \varsigma) \tag{3-11}$$

式中, $\boldsymbol{F}_\mathrm{I}(t)$ 是一阶和二阶波浪力; $\boldsymbol{F}_\mathrm{n}(t, \varsigma)$ 是非线性拖曳力 (可根据 Morison 方程计算)

$$\boldsymbol{F}_\mathrm{C}(t, \dot{\varsigma}) = -\int_{-\infty}^{t} R(t-\tau)\dot{\varsigma}\mathrm{d}\tau \tag{3-12}$$

时域模拟求解方法的数值计算方法主要有: Newmark-Beta 法、Ronga-Kutta 法、Adams-Moulton 法[23-26]。时域分析能够模拟浮体在一定时间范围内和一定环境条件下的运动状态, 计入前一时刻对后一时刻的影响, 相对真实地反映在实际海况下的平台状态。

3.2.3 时域、频域分析的转换

随机过程由时域向频域的变换称为随机过程的谱分析。
傅里叶变换

$$X(\omega) = \int_{-\infty}^{\infty} x(t)\mathrm{e}^{-\mathrm{i}wt}\mathrm{d}t \tag{3-13}$$

傅里叶逆变换

$$x(t) = \frac{1}{2\pi} \int_{-\infty}^{\infty} X(\omega)\mathrm{e}^{\mathrm{i}wt}\mathrm{d}\omega \tag{3-14}$$

根据 Cummins 脉冲响应方法, 把任一时刻结构物的运动归结为一系列瞬时的脉冲运动叠加, 同样将波浪力分解成一系列脉冲响应的组合, 从而将频域计算与时域计算联系在一起, 使时域的计算可以直接利用频域的计算结果, 从而大大简化了时域的问题, 缩短了模拟所需的时间, 结果准确性也较好[27, 28]。

3.2.4 系泊系统计算方法

在浮式平台系泊系统设计中, 系泊系统运动响应和系泊缆张力主要是通过耦合浮体运动和系泊缆张力得到。系泊缆张力的计算方法主要有规范法和数值模拟法两种。在各船级社的规范中, 系泊缆的设计大多采用悬链线法。在悬链线方程的推导过程中, 假定系泊缆自重远远大于其所受的流体作用力, 所以忽略了流体作用力、缆索惯性力和缆索弹性变形。对于自重较小的缆绳, 如新型复合缆或在流速较大的海域, 如海峡地区, 即

使对于传统系泊缆，悬链线法也同样不适用。为了能够更精确地研究系泊缆的运动及张力，尤其是随时间变化的大变形缆的非线性运动及张力，数值模拟法被广泛采用。根据平衡特性的不同，数值模拟法可以分为静力法和动力法；根据数值方法的不同，可以分为有限元法和有限差分法；根据运动特性的不同，可以分为频域法和时域法。

1. 系泊缆静力悬链线法

由于系泊系统三维效应、动力特性和大变形运动的存在，准确模拟系泊系统的运动响应和系泊缆张力特性是一个复杂的过程。在海洋工程中，一般将系泊缆假定为完全挠性构件，即不能承受剪应力或弯矩，沿系泊缆轴向的应力只能为张力。系泊缆控制方程的一般形式为[29]

$$(m + m_a)\frac{\partial V}{\partial t} = F_n + F_\tau + T + m_a\frac{\partial U}{\partial t} + G \tag{3-15}$$

式中，m、m_a 分别为系泊缆单位长度质量和附加质量；T 为系泊缆张力；G 为系泊缆单位自重；V、U 分别为系泊缆速度矢量和流场速度矢量，F_n、F_τ 分别流体作用于单位系泊缆上的流体作用力法向分量和切向分量，其可以表示为

$$F_n = 0.5\rho_w C_{Dn} D \left| U_n - V_n \right| \left(U_n - V_n \right) \mathrm{d}s \tag{3-16}$$

$$F_\tau = 0.5\rho_w C_{D\tau} \pi D \left| U_\tau - V_\tau \right| \left(U_\tau - V_\tau \right) \mathrm{d}s \tag{3-17}$$

其中，ρ_w 为流体密度；C_{Dn}、$C_{D\tau}$ 分别为流体法向拖曳力系数和切向拖曳力系数；D 为缆索直径。

在悬链线法中，忽略系泊缆的惯性力，假定系泊缆不可弹性变形，同时系泊缆重力远远大于其所受到的流体作用力。系泊缆形状和张力可按其长度积分解析得到。若系泊缆末端与海底相切，其形状和张力的控制方程可表示为

$$y = a\left(\mathrm{ch}\frac{x}{a} - 1 \right) \tag{3-18}$$

$$T = G(y + a) \tag{3-19}$$

式中，$a = T_h / G$，T_h 为系泊缆张力水平分量。

若系泊缆末端与海底成任意角度，其形状和张力的控制方程可表示为

$$T = \frac{0.222Gy^3}{x^2} + \frac{0.7}{Gy} \tag{3-20}$$

$$x = l - \frac{T_h}{G}\lg\left(\frac{l+y}{l-y} \right) \tag{3-21}$$

式中，l 为系泊缆长度。

2. 系泊系统准静力方法

准静力方法是在每一个时刻根据计算系泊结构物的位置确定系泊缆的构型，再用静力平衡的方法计算系泊缆的受力[30, 31]。在计算中求解以下方程：

$$(m + A)\ddot{x} + B\dot{x} + B_v\dot{x}|\dot{x}| + C_t x = F_x(t) \tag{3-22}$$

式中，m、A、B 和 B_v 分别表示结构物的质量、附加质量、线性和黏性阻尼；F_x 表示随时间变化的外力；C_t 为系泊缆弹性力。

准静力方法一般分为独立的两个步骤：①基于势流理论计算浮体运动，将系泊缆载荷效应模拟为非线性的与位移相关的力，假设系泊缆的惯性和阻尼对浮体运动影响很小。②将上述计算的浮体运动响应作为系泊缆顶端激励，分析系泊缆动力效应。

这种方法的主要缺陷是：未考虑作用在系泊缆上的平均流载荷；简化了重要的系泊系统低频阻尼效应；未考虑系泊缆动力效应对浮体波频运动的影响。

一般适用于松弛的系泊系统，因其浮体波频运动受系泊缆影响小，在深水中系泊缆与浮体的相互作用更加明显，准静力非耦合分析更加不准确。

3. 系泊系统动力计算方法

系泊结构物受到环境载荷作用时，对系泊系统引起的动力响应要比静力响应严重得多。目前研究系泊缆动力学的方法大致有两种，一种是将系泊缆视为连续的弹性介质，另一种是将系泊缆用多自由度的弹簧-质量系统来代替。后一种方法通常称为集中质量法[32,33]。连续质量法理论上比较严密，而集中质量法工程上比较适用，因为它使问题得到简化，并满足工程要求的精度。

1）集中质量法（图 3-9）

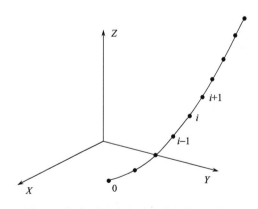

图 3-9 集中质量法中系泊缆离散及坐标系

集中质量法将系泊缆离散成许多段，每一段用一质点表示，质点间通过弹簧连接，所有外力认为作用在质点上，每一质点的运动方程为

$$(M + A_{11})x + A_{12}y + A_{13}z = F_x \tag{3-23}$$

$$A_{21}x + (M + A_{22})y + A_{23}z = F_y \tag{3-24}$$

$$A_{31}x + A_{32}y + (M + A_{33})z = F_z \tag{3-25}$$

式中，M 是质点的质量；$A_{i,j}$ 是附加质量；$F = (F_x, F_y, F_z)$ 是微段所受外力，包括重力、流体拖曳力、浮力和弹性拉伸力。

作用在质点上的流体拖曳力用 Morison 公式求得

$$f_t = \frac{1}{2}\rho C_{Dt} Dl U_t |U_t| \tag{3-26}$$

$$f_s = \frac{1}{2}\rho C_{Ds} Dl U_s |U_s| \tag{3-27}$$

$$f_n = \frac{1}{2}\rho C_{Dn} Dl U_n |U_n| \tag{3-28}$$

式中，下标 t、s、n 代表局部坐标系的三个方向；D 和 l 分别为微段的直径和长度；ρ 为海水密度；C_{Dt}、C_{Ds}、C_{Dn} 分别为三个方向上的拖曳系数；U_t、U_s、U_n 分别为质点在三个方向上相对于流体的速度。利用时域上的有限差分法对所有质点联立求解运动方程，可得到质点的加速度和速度。

2) 有限元法

DNV 软件 DeepC 采用的方法即为有限元法。空间离散有限元模型的动平衡方程为

$$R^{\mathrm{I}}(r, \ddot{r}, t) + R^{\mathrm{D}}(r, \dot{r}, t) + R^{\mathrm{S}}(r, t) = R^{\mathrm{E}}(r, \dot{r}, t) \tag{3-29}$$

式中，$R^{\mathrm{I}}(r, \ddot{r}, t)$ 表示惯性力矢量；$R^{\mathrm{D}}(r, \dot{r}, t)$ 表示阻尼力矢量；$R^{\mathrm{S}}(r, t)$ 表示内部结构力矢量；$R^{\mathrm{E}}(r, \dot{r}, t)$ 表示外力矢量；r、$\dot{r}$、$\ddot{r}$ 分别表示结构的位移、速度和加速度。

该非线性微分方程，表示了惯性力、阻尼力，以及外力矢量与结构位移和速度之间耦合作用的关系。此外，在内部力和位移之间也存在着非线性的关系。所有这些力矢量均由单元和特定离散点作用力构成。

外力主要包括重力、浮力、与平台运动位移相关的力、系泊缆上的水动力载荷（Morison 方程中的拖曳力和与波浪水质点加速度相关项）和特定集中力。

惯性力矢量可表示为

$$R^{\mathrm{I}}(r, \ddot{r}, t) = M(r)\ddot{r} = \left[M^{\mathrm{S}} + M^{\mathrm{F}}(r) + M^{\mathrm{H}}(r) \right]\ddot{r} \tag{3-30}$$

式中，M 为系统质量矩阵，包括结构质量矩阵 M^{S}，内流质量矩阵 $M^{\mathrm{F}}(r)$，考虑 Morison 公式中结构加速度的水动力质量矩阵 $M^{\mathrm{H}}(r)$，是局部坐标中附加质量的一部分。

阻尼力矢量可表示为

$$R^{\mathrm{D}}(r, \dot{r}, t) = C(r)\dot{r} = \left[C^{\mathrm{S}}(r) + C^{\mathrm{H}}(r) + C^{\mathrm{D}} \right]\dot{r} \tag{3-31}$$

式中，C 为系统阻尼矩阵，包括结构阻尼矩阵 $C^{\mathrm{S}}(r)$，考虑浮式结构物绕射作用的水动力阻尼矩阵 $C^{\mathrm{H}}(r)$，特定离散阻尼矩阵 $C^{\mathrm{D}}(r)$，与位移有关。在水动力分析中必须包含

结构阻尼，以考虑结构本身的能量耗散。结构阻尼的物理特性与结构物的截面属性有很大的关系。

一般来说系泊缆受到波浪和船体运动引起的不规则载荷，需使用非高斯响应预测系统，非高斯响应的特征是系统与外部激振力的相关性强。此外，有限元法也常用于处理这些非线性分析。

有限元分析中处理非线性的方法有：非线性时域分析、线性时域分析、频域分析[34]。

(1) 非线性时域分析。每个时间步采用 Newton-Raphson 法平衡迭代数值积分动平衡方程[35,36]。这种方法可以合适地处理所有非线性问题，但是这种方法需要在迭代过程的每个时间步内重复采集系统矩阵并进行三角形化，因此很耗时。

(2) 线性时域分析。通过在静平衡位置线性化质量、阻尼和刚度矩阵完成动平衡方程数值积分。这意味着整个分析计算时系统矩阵为常数，但是水动力载荷是非线性的。线性时域分析相对于非线性时域分析，计算时间显著减少。

(3) 频域分析。通过在静平衡位置线性化系统矩阵和水动力载荷进行频域求解。

在时域分析中可以用高斯和非高斯响应，按照时间序列描述结构响应，在频域分析中只能用平均值和响应谱描述高斯响应。

线性化的运动方程表示为

$$M_t \Delta \ddot{r} + C_t \Delta \dot{r} + K_t \Delta r = R_{t+\Delta t}^{\mathrm{E}} - (R_t^{\mathrm{I}} + R_t^{\mathrm{D}} + R_t^{\mathrm{S}}) \tag{3-32}$$

式中，$\Delta \ddot{r}$、$\Delta \dot{r}$ 和 Δr 是节点加速度、速度和位移增量。耦合分析中假设平台为大尺度刚体，外部载荷矢量在每个时间步末端单独计算，平台惯性力指平台质量和与频率相关的附加质量。实际中不规则风、波浪激励的时间序列通过快速傅里叶变换方法产生[37]。

3.2.5 气隙分析

气隙是甲板底部到水面的距离，气隙分析的目的是确保甲板底部在极端环境条件下不会受到波浪冲击，如果甲板底部存在可以上浪的部件，则需要进行局部强度校核。气隙的数值并不是越大越好，随着气隙的增加，平台重心位置将提高，从而增加倾覆力矩并影响平台稳性。气隙最小值可以使用水动力分析程序进行预报。完整状态下最小气隙应不小于 1.5m。

在平台气隙计算中，首先要预报平台下甲板某点相对波面的垂向相对运动短期最大值(即相对波面升高最大值)，平台静气隙与相对波面升高最大值之差即为平台在波浪中的最小气隙。如果平台在风载荷作用下产生明显的初始倾斜，还要扣除由于倾斜引起的气隙减少[38,39]。在平台气隙计算中，应考虑如下因素：①平台波频运动；②平台低频运动；③波面升高；④风载荷引起的气隙减少。

3.3 深水浮式平台结构设计关键技术

3.3.1 浮式平台设计波计算方法

波浪载荷计算按规范规定采用设计波方法计算[40]，分析内容包括横浪时的水平横向力和最大横向加速度、斜浪时的纵向剪力和扭矩，以及迎浪时的垂向弯矩和最大纵向加速度，计算海况按 ABS 规范选取极限波陡为 1/10。采用设计波法计算浮式平台波浪载荷，需要确定各特征波浪载荷最大时的规则波周期、波幅、浪向和相位(即设计波参数)，进而确定特征波浪载荷极值，并进一步做结构分析。这里采用随机方法计算设计波参数，具体过程如下：

(1)根据半潜式钻井平台主尺度，在计算前大概确定各危险水动力载荷的设计波波长(周期)。

(2)在 3～25s 范围内计算水动力载荷传递函数 RAO(ω)，在第一步大概确定的设计波周期附近，计算步长取 0.2～0.5s，其他部分计算步长取 1～2s。

(3)在 360°范围之内以 15°为步长进行波浪搜索，确定最危险水动力载荷波浪入射方向。

(4)根据载荷传递函数准确确定设计波波长(周期 T_c)。

(5)根据选定波陡计算周期 T_z 在 3～18s 内的 18 个设计波计算海况(S_s=0.1)。

(6)载荷传递函数分别和 18 个设计波计算海况的波浪谱相乘，计算载荷响应谱，$S_R(\omega) = |RAO(\omega)|^2 \times S_W(\omega)$。其中，$S_W(\omega)$ 为波浪谱。

(7)计算所有载荷响应谱中最大水动力载荷响应，$R_{max} = m_0^{0.5} \times (2\ln N)^{0.5}$，其中，$N = 10800 / \left[2\pi (m_0 / m_2)^{0.5} \right]$。其中，$m_0$ 和 m_2 为波浪谱的零阶矩和二阶矩。

(8)计算设计波波幅，$A_D = (R_{max} / RAO_c) \times LF$。式中，$RAO_c$ 设计波周期处载荷传递函数值；LF 为载荷因子(1.1～1.3)。

3.3.2 平台波浪载荷工况

平台在海洋环境中受到风载荷、流载荷、波浪载荷作用。与波浪载荷相比，流载荷对平台结构的总体强度影响较小，可以忽略，其主要对平台锚链及推进器的约束反力产生一定的影响。在实际操作中，风载荷引起的平台倾斜可以通过压载水及锚链来控制，可以将平台倾斜角度控制在 3°以内。因此，与百年一遇以上的波浪相比，风载荷对浮式平台结构强度的影响也可以忽略。由此，一般认为作用于浮式平台结构上的环境载荷主要是由波浪的运动所产生。

平台在波浪中的载荷与平台的载荷状况、波浪的波高、周期、波浪方向和相位都有密切的关系。在平台的使用过程中，这些因素有多种不同的组合状态。而且平台是一个复杂的结构，各部分构件在不同的波浪条件下产生最大应力。所以进行平台强度校核时，需要对平台的多个受力状态进行分析。对于有波浪载荷的工况，需要对一系列波浪周期和不同入射波相位进行搜索循环，在得到的结果中选取最危险的情况进行有限元强度分析。根据 ABS 规范的规定，平台在作业状态、生存状态和拖航状态下，分别需要进行受静水载荷和受最大环境载荷条件下的总强度分析[41,42]。

1. 静水工况

以典型半潜式钻井平台为例进行分析说明，首先要分析作业状态、生存状态和拖航状态下平台在重力、浮力作用下的静强度。平台无运动、无波浪，在平台每一处结构上的载荷只有均布载荷和集中载荷，如图 3-10 所示。

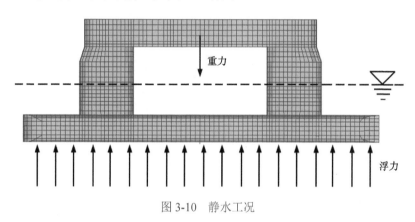

图 3-10　静水工况

2. 最大横向力工况

当平台遭受横浪，波长约为两倍的浮体宽度时，平台遭受最大横向撕裂(压缩)力，该工况主要校核平台的横向强度。平台遭受横浪，当波峰接近平台中线时，平台两侧浮体受到向外的分离力；当波谷接近平台中线时，平台浮体受向内的挤压力。对浮体和各撑杆的强度进行检查，需要对不同的波浪周期和波浪相位进行计算，选取横向分离力和横向挤压力最大的情况进行校核。最大横向受力状态示意见图 3-11。

3. 最大横向扭矩工况

当平台遭受斜浪，波长约为半潜式钻井平台两个下浮体末端对角线距离时，平台遭受波浪诱导产生的最大横向扭矩如图 3-12 所示。此种工况下，平台浮体一端处于波峰，一端处于波谷，整个平台受到不均匀的波浪力和浮力作用，产生扭曲变形。

该工况主要对平台撑杆和甲板的结构强度和平台总体的抗扭转变形能力进行检查。如图 3-12 所示。

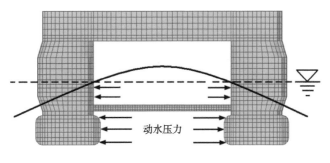

(a) 最大横向撕裂工况

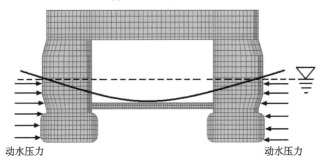

(b) 最大横向压缩工况

图 3-11　最大横向撕裂和压缩工况

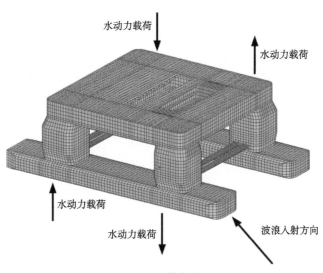

图 3-12　最大横向扭矩工况

4. 最大纵向剪切力工况

当平台遭受斜浪，波长约为半潜式钻井平台两个下浮体末端对角线距离的 1.5 倍时，平台遭受波浪诱导产生最大纵向剪切力。此种工况下，波浪施加在平台两侧浮体和立柱上的纵向力大小相等、方向相反。此时平台水平撑杆将受到最大弯矩作用，如图 3-13 所示。

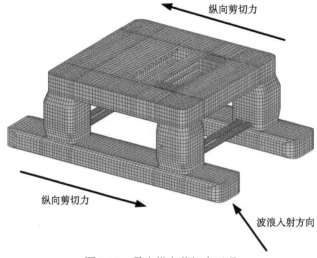

图 3-13　最大纵向剪切力工况

5. 最大垂向弯矩工况

当平台遭受迎浪，波长约为半潜式钻井平台下浮体长度，并且波峰或波谷位于浮体中部时平台遭受波浪诱导产生的最大垂向弯矩如图 3-14 所示。

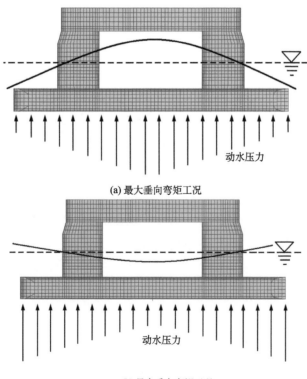

(a) 最大垂向弯矩工况

(b) 最大垂向弯矩工况

图 3-14　最大垂向弯矩工况

6. 最大纵向加速度工况

当平台遭受迎浪，平台产生最大纵向加速度时，甲板上部质量的加速度将对平台立柱与甲板、立柱与下浮体连接处产生最大的弯矩和剪力，这种响应通常在平台吃水小时较大，一般为拖航状态结构强度限制条件，如图 3-15 所示。

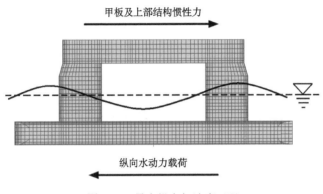

甲板及上部结构惯性力

纵向水动力载荷

图 3-15　最大纵向加速度工况

7. 最大横向加速度工况

当平台遭受横浪，平台产生最大横向加速度时，甲板上部质量的加速度将对平台立柱与上甲板、立柱与下浮体连接处产生最大的弯矩和剪力，与最大纵向加速度状态一样，这种响应通常在平台吃水小时较大，为拖航状态结构强度限制条件，如图 3-16 所示。

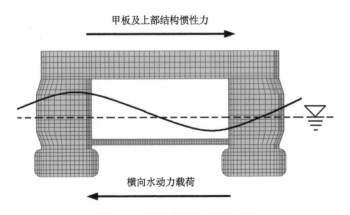

甲板及上部结构惯性力

横向水动力载荷

图 3-16　最大横向加速度工况

3.3.3　结构总强度和局部强度分析方法

深水浮式平台在深水海域作业，平台排水量、可变载荷不断增大，为了适应恶劣海洋环境条件，普遍采用高强度和超高强度钢建造，这就要求不断提高平台结构设计水平，因此对平台总强度和局部强度的合理分析成为平台结构设计成败的关键因素，也是结构设计计算的关键技术之一[43]。目前，设计中都使用板单元、梁单元和质量单元建立平台的整体三维有限元模型，并通过调节材料密度的方法调节有限元模型的质量、重心和转动惯量，使其和各状态下实际平台一致，而后将水动力载荷传递给结构模型，从而较准确的计算平台结构的强度。有限元计算软件分为通用有限元软件和海洋结构专用软件。通用有限元分析软件主要使用 Abaqus、Ansys、Partan 等，在使用通用软件时必须要编写专用的水动力载荷传递程序，将水动力学软件计算得到的载荷传递给结构有限元模型，使用起来复杂、烦琐。专用软件主要以 DNV 开发的 Seasam 软件包为代表，其功能涵盖总体性能分析、水动力载荷计算、水动力载荷传递、结构强度计算、局部结构子模型分析等多种功能，可以实现从水动力计算到结构强度分析的无缝链接，使用方便，结果可靠。在半潜平台结构总强度分析中，结构模型的合理简化、水动力载荷的准确传递及设计工况的选取是关系到结构设计计算结果准确性的关键。

典型浮式平台总强度分析过程如下：

(1)使用有限元分析软件建立平台包括桁材和扶强材在内的几何模型。

(2)定义单元类型、材料属性和相应于某一区域梁单元的截面形式。

(3)进行有限元网格划分，赋予单元相应的属性。

(4)使用质量单元模拟平台集中质量，并通过调节材料密度的方法调节有限元模型的质量重心，使其和各工况下实际平台质量重心一致。

(5)定义边界条件，包括位移约束和水动力传递边界条件。

(6)建立平台湿表面模型，用 Wadam 计算平台在各种工况下遭受的最危险水动力载荷和平台产生的加速度，并将载荷和加速度传递给平台结构有限元模型。

(7)分析各工况下的结构总强度。

(8)对结果进行后处理，得到各载荷工况的计算结果。

(9)检查 von Mises 应力是否满足规范规定许用应力要求。

深水半潜式钻井平台结构连接处的典型节点及受到较大载荷的重要局部结构是制约平台安全作业的关键因素。基于美国船级社(ABS)和中国船级社(CCS)规范要求，采用有限元方法分析半潜式钻井平台在遭受静载荷和环境载荷条件下立柱撑杆连接处的局部强度。用 Seasam-GeniE 建立局部结构有限元模型，用 Seasam-Wadam 计算平台局部结构遭受的水动力载荷，用 Seasam-Submod 依据平台总强度计算结果确定局部结构模型各载荷工况下的载荷边界条件，并将水动力载荷和载荷边界条件传递给平台局部结构有限元模型。最后进行局部结构强度分析，确定局部结构的整体应力水平。平台典型节点分析流程如图 3-17 所示。

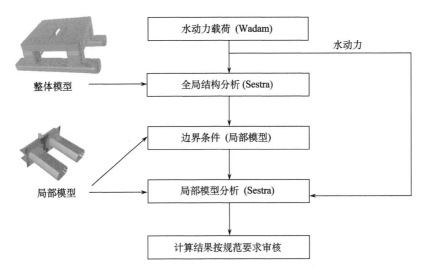

图 3-17　平台典型节点局部强度分析流程

3.3.4　平台疲劳寿命分析方法

海洋工程结构在海上受到波浪作用，不断变化的波浪载荷使得结构内部产生变化的循环应力。由这些循环应力造成的疲劳损伤是船舶及海洋工程结构的一种主要的破坏形式。1981 年，结构的疲劳损伤造成 Alexander Keyland 号半潜平台在北海沉没，成为海洋工程领域有史以来最严重的事故之一。在设计中保证结构具有足够的疲劳强度，对船舶及海洋工程结构的安全性十分重要。目前，世界各主要船级社都对船舶及海洋工程结构的疲劳强度做出了严格的规定和要求[44,45]。

在船舶及海洋工程领域，结构的疲劳损伤和疲劳寿命一般采用 Miner 线性累积损伤理论[46,47]和 S-N 曲线[48]来计算。近年来，断裂力学方法也越来越受到重视，并逐步得到了应用。目前，这两种方法已成为船舶及海洋工程结构疲劳设计与分析的两种相互补充的基本方法。S-N 曲线法利用抽象的"破坏"模型，可以避免裂纹尖端的应力场分析。断裂力学法可以更好地反映尺度效应，并可以对一个已有裂纹的结构提供一个更精确的剩余寿命估算。这两种分析方法以往都是在确定意义上使用的，在分析过程中有关的参量都认为是有确定数值的，但工程中涉及疲劳的有关因素都是随机的。这些随机性决定了用确定性的方法不可能对各种不确定因素的影响做出客观的反映。为此，人们开始采用疲劳可靠性的方法来进行疲劳寿命评估。在这个理论中，影响结构疲劳寿命的不确定因素都用随机变量或随机过程来描述，在充分考虑这些不确定因素的基础上，一个结构的疲劳寿命是否满足设计要求，用该结构在服役期内不发生疲劳破坏的概率来衡量，这一概率称为结构疲劳可靠度。对于受到大量不确定因素影响的工程结构的疲劳问题，用结构疲劳可靠性理论来分析是更为适当的，但在实际海洋工程设计中结构疲劳可靠度方法还没有得到广泛应用。

Miner 线性累积损伤理论和 S-N 曲线分析海洋工程结构疲劳寿命的方法分为以下三种：确定性疲劳分析方法、简化疲劳分析方法、谱疲劳分析方法。确定性疲劳分析方法是将结构应力范围的长期分布分解若干应力范围区间，统计这些应力范围区间内的应力循环次数，而后根据 Miner 准则计算结构疲劳寿命的方法。由于该方法较烦琐并且计算结果不够准确，目前已经很少使用。简化疲劳分析方法用双参数 Weibull 分布描述结构应力范围的长期分布[49,50]，使用结构寿命期一遇最大应力范围计算结构的疲劳寿命，设计参数选取较保守，所以计算结果偏保守，一般应用于船舶与海洋工程结构初步设计。谱疲劳分析方法基于预期作业海域的长期环境数据资料[51]，计算结构响应传递函数和应力范围长期分布，采用谱分析的方法计算结构的疲劳寿命。这是目前海洋工程结构疲劳分析最常用的做法，也是各船级社的推荐做法。

断裂力学疲劳分析方法是使用线弹性断裂力学基本理论[51]，用 Paris 公式计算裂纹扩展，并最终得到结构疲劳寿命的方法。通常用于评估有缺陷结构的剩余寿命，主要应用于评估裂纹的扩展和制定结构的检修计划，也能用于结构设计阶段的评估。该方法目前在海洋工程结构设计中应用较少，但在海洋工程结构安全性评估中已有广泛的应用。

3.4 浮式平台"纵摇/横摇-垂荡"耦合共振

半潜式海洋平台早在 20 世纪 60 年代就用于近海的石油钻井，之后一直在海洋石油勘探开发中发挥着重要的作用。半潜式海洋平台具有水动力性能优良、抗风浪能力强、甲板面积大和装载量大、适应水深范围广等优点，因而成为实施海上深水油气田开发的必备装备之一。半潜式钻井平台经过六代的发展，已经具备了较强的抵御恶劣海洋环境的能力。然而，美国墨西哥湾"深水地平线"钻井平台爆炸事故造成原油泄漏，所形成的污染带遍布墨西哥湾，钻井平台的沉没和漏油事件让全球的海洋工程师重新审视极端海洋环境条件下深水浮式平台的风险。

以内波、强海流、频繁的台风为特征的南海深水环境，给我国的南海深水区油气田开发带来了很大的挑战。浮式平台服役于南海，其运动响应的稳定性是保证平台安全服役的前提，而耦合运动失稳问题是浮式平台纵摇和横摇运动的一个潜在威胁，近些年来在深水海洋工程领域广受关注[52]。

耦合运动失稳问题在数学上是由于运动控制方程的参数发生周期性变化，导致方程的时域解发散，也称作参数共振问题，或参数不稳定问题[53,54]。在海洋工程领域，该现象存在于顶张力立管(TTR)、张力腿平台(TLP)、船舶和深吃水立柱式平台(Spar)中。发生在这些海洋工程结构物上的耦合运动失稳问题均是由于回复刚度发生周期性变化导致运动控制方程的解发散。

张力腿平台的纵摇、横摇运动受波面高程变化的影响显著。因为波面高程的变化导致浮体的吃水变化，浮力随之发生改变，从而平衡张力筋腱的张力发生变化，继而改变了横摇/纵摇的回复刚度。而深吃水立柱式平台发生参数共振问题的原因是浮体的垂荡运动和波面高程的变化，改变了浮体的浮心，从而改变了初稳性高度 GM 值，导致了浮体的横摇/纵摇回复力矩随之发生变化，从而在一定的参数条件下可能诱发纵摇/横摇参数共振。Spar 平台的纵摇/横摇参数共振在实验中已被发现和验证。有关张力腿平台和深吃水立柱式平台的纵摇/横摇参数共振问题的研究较多。但作为深水浮式平台另一种常见形式的深水半潜式平台，耦合运动失稳是否会发生也是值得关注的问题，但国内外未见有相关研究和报道。

浮式平台的垂荡运动相对较大，当平台的纵摇故有周期和垂荡固有周期处于一定的倍数关系时，平台的纵摇/横摇运动可能落入"纵摇/横摇-垂荡"耦合共振区。本章对浮式平台"纵摇/横摇-垂荡"耦合方程进行了推导，获得了各参数的计算公式；根据耦合运动失稳图谱或数值计算方法，可判断纵摇/横摇运动的稳定性。这里选取了一个生存状态下的浮式平台为算例，分析了平台发生"纵摇/横摇-垂荡"耦合失稳的条件，并通过调整关键参数抑制不稳定问题的发生，建立了避免耦合运动失稳的工程设计方法，为浮式平台设计提供参考。

3.4.1　浮式平台"纵摇/横摇-垂荡"耦合失稳问题

自由浮体纵摇运动的控制方程可表示为[55]

$$(I_{55} + A_{55})\ddot{\phi} + C_{55}\dot{\phi} + \Delta \mathrm{GM}\phi = F_5 \cos(\omega t + \varphi) \tag{3-33}$$

式中，I_{55} 为纵摇惯性矩；A_{55} 为附加惯性矩；C_{55} 为阻尼矩阵中的元素；ϕ 为纵摇角；Δ 为浮体排水量；GM 为浮体初稳性高；F_5 为纵摇力矩幅值；ω 为波浪频率；φ 为相位角。

对系泊定位的浮式平台，考虑系泊刚度的影响，则纵摇运动特征方程可表示为

$$(I_{55} + A_{55})\ddot{\phi} + C_{55}\dot{\phi} + (\Delta \mathrm{GM} + k_{\mathrm{moor},55})\phi = 0 \tag{3-34}$$

式中，$k_{\mathrm{moor},55}$ 为纵摇系泊刚度。

对于浮式平台，回复力臂 GZ 是纵摇角 ϕ 的非线性函数。GZ 曲线的初始角度，即初稳性高 GM 会随着垂荡运动和波面时程不同而改变，特别是当入射波周期接近浮式平台的垂荡周期时，垂荡运动和波面时程幅度较大，从而大幅的垂荡运动使得平台的浮心发生变化，GZ 值也随之发生变化。由于垂荡和纵摇的耦合作用，浮体自身的纵摇回复力矩会随垂荡运动而变化。

假设浮体相对于即时波面的运动是幅度为 η、频率为 ω 的简谐运动 $\eta \cos(\omega t)$，则 GM 的变化量为 $\alpha \eta \cos(\omega t)$，故初稳性高表示为

$$\mathrm{GM} = \mathrm{GM}_0 + \alpha \eta \cos(\omega t) \tag{3-35}$$

式中，GM_0 为平均位置的初稳性高；α 为单位垂荡运动 η 引起的 GM 变化。

浮体的垂荡运动和波面运动同时还会引起浮体排水量随时间的变化，可表示为

$$\Delta = \Delta_0 + \rho A_{cwp}\eta\cos(\omega t) \tag{3-36}$$

式中，ρ 为海水密度；Δ_0 为平均排水量；A_{cwp} 为水线面面积。

将式(3-35)和式(3-36)相乘，得到自由浮体的运动特征方程对应的纵摇回复刚度为

$$\Delta GM = [\Delta_0 + \rho A_{cwp}\eta\cos(\omega t)][GM_0 + \alpha\eta\cos(\omega t)]\phi \tag{3-37}$$

浮式平台定位系统若采用系泊定位，系泊系统则为浮体的水平运动(纵荡、横荡和首摇)提供回复刚度。在幅度为 η、频率为 ω 的垂荡简谐运动 $\eta\cos(\omega t)$ 作用下，纵摇系泊刚度 $k_{moor,55}$ 也呈现频率为 ω 的周期性变化。假设 $k_{moor,55}$ 包括固定刚度和变化刚度两部分，表示为

$$k_{moor,55} = k_0 + k_1\cos(\omega t) \tag{3-38}$$

式中，k_0 为固定刚度；k_1 为刚度的变化幅度。

由式(3-34)，令 $k_{55} = \Delta GM + k_{moor,55}$，将式(3-35)、式(3-36)和式(3-38)代入 k_{55} 得

$$k_{55} = [\Delta_0 + \rho A_{cwp}\eta\cos(\omega t)]\cdot[GM_0 + \alpha\eta\cos(\omega t)] + [k_0 + k_1\cos(\omega t)] \tag{3-39}$$

整理式(3-39)得

$$\begin{aligned}k_{55} = &\left(\Delta_0 GM_0 + k_0 + 0.5\alpha A_{cwp}\rho\eta^2\right) + \left(\rho A_{cwp}GM_0\eta + \alpha\Delta_0\eta + k_1\right)\cos(\omega t) \\ &+ \left(0.5\alpha A_{cwp}\rho\eta^2\right)\cos(2\omega t)\end{aligned} \tag{3-40}$$

将式(3-40)代入式(3-34)，令 $a = \dfrac{\Delta_0 GM_0 + k_0 + 0.5\alpha A_{cwp}\rho\eta^2}{(I_{55} + A_{55})\omega_3^2}$，

$b = \dfrac{\rho A_{cwp}GM_0\eta + \alpha\Delta_0\eta + k_1}{(I_{55} + A_{55})\omega_3^2}$，$b_1 = \dfrac{0.5\alpha A_{cwp}\rho\eta^2}{(I_{55} + A_{55})\omega_3^2}$，$c = \dfrac{C_{55}}{(I_{55} + A_{55})\omega_3}$，可得

$$\ddot{\phi} + c\dot{\phi} + [a + b\cos(\omega t) + b_1\cos(2\omega t)]\phi = 0 \tag{3-41}$$

3.4.2　考虑阻尼的耦合运动控制方程

考虑阻尼的耦合运动控制方程如下：

$$\ddot{\phi} + c\dot{\phi} + [a + b\cos(\omega t)]\phi = 0 \tag{3-42}$$

式(3-42)与式(3-41)不同之处在于少了频率为 2ω 的参数激励项，对海洋浮式平台而言，该项系数 b_1 往往较小，为弱参数激励项，故通常可以忽略不计，但在垂荡运动显著的情况下一般应予以考虑。

在式(3-42)中，若 $c = 0$(无阻尼)，稳定图谱如图 3-5 和图 3-18 所示，很多研究人员根据不同的方法获取了稳定性图谱[18]，由于实际中阻尼是必定存在的，忽略阻尼的作用在工程中过于保守。因此，有必要研究含阻尼的耦合运动失稳图谱。

在考虑阻尼的耦合运动控制方程的求解中，用 Hill 无限行列式法。在该方法中，边界曲线的解 $\phi(t)$ 用傅里叶级数表示。将傅里叶级数代入 Mathieu 方程，并将相同的简谐函数代入，得到一组傅里叶系数的线性方程组。

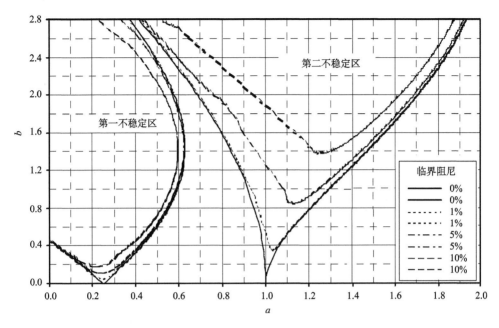

图 3-18 "纵摇/横摇–垂荡"耦合失稳参数图谱

耦合运动控制方程的 $\phi(t)$ 若要有唯一解，其系数矩阵的无限行列式应为零。该条件约束了控制方程 (a, b) 参数图谱。沿过渡曲线的边界解 $x(t)$ 可用复傅里叶级数表示为

$$\phi(t) = \sum_{n=-\infty}^{\infty} d_n \mathrm{e}^{int} \tag{3-43}$$

式中，d_n 为幅度。将式 (3-42) 代入控制方程

$$\ddot{\phi} + c\dot{\phi} + (a + b\cos\lambda) = 0 \tag{3-44}$$

式中，c 为阻尼系数。可得

$$\sum_{n=-\infty}^{\infty} d_n \mathrm{e}^{int} \left[\frac{1}{2}bd_{n+1} + (a + inc - n^2)d_n + \frac{1}{2}bd_{n-1} \right] = 0 \tag{3-45}$$

对任意时间 t，满足式 (3-45) 的必要条件是所有的系数为零

$$\frac{1}{2}bd_{n+1} + (a + inc - n^2)d_n + \frac{1}{2}bd_{n-1} = 0, \qquad n = \cdots, -2, -1, 0, 1, 2, \cdots \tag{3-46}$$

有关 $\{d_n\}$ 的无限方程组要有非零解，其系数矩阵行列式应为零。假设 $a + inc - n^2 \neq 0$，并将式 (3-46) 除以 $a + inc - n^2$，得

$$\begin{vmatrix} \ddots & \ddots & \ddots & & \\ & \gamma_1 & 1 & \gamma_1 & \\ & & \gamma_0 & 1 & \gamma_0 & \\ & & & \gamma_1 & 1 & \gamma_1 \\ & & & \ddots & \ddots & \ddots \end{vmatrix} = 0 \tag{3-47}$$

式中

$$\gamma_n = \frac{b}{2(a+inc-n^2)}, \qquad n=0,1,2,\cdots$$

如果考虑阻尼 c，无限行列式的零解可以通过规定 a（或 b），然后寻找相应的 b（或 a）来获取。在工程应用中，阻尼一般表述成临界阻尼的百分比，为 $2\sqrt{a}$ 乘以公式的时变刚度的平均值。

图 3-18 为通过上述方法获取的稳定性过渡曲线图，分别考虑了 1%、5% 和 10% 的临界阻尼，无限行列式考虑的维数是 100×100。

浮式平台可能发生纵摇参数激励共振问题的不稳定区主要集中在第一不稳定区和第二不稳定区。由图 3-18 可知，不稳定区的范围随着阻尼的增大而减小，特别是第二不稳定区的大小受阻尼影响变化更为明显。

第一不稳定区受阻尼影响有限，因此仅通过调整阻尼来避免第一不稳定区的参数共振问题效果一般，而有效的做法是结合主尺度、质量分布等方面的优化设计，避免参数落入不稳定区。浮式平台的垂荡运动相对较大，当平台的纵摇固有周期和垂荡固有周期处于一定的倍数关系时，平台的纵摇/横摇运动可能落入"纵摇/横摇-垂荡"耦合不稳定区。根据"纵摇/横摇-垂荡"耦合失稳图谱或数值计算方法，可判断平台纵摇/横摇运动的稳定性。

3.5 新型浮式平台设计

随着科学技术的进步、人类对海洋石油资源认知水平的不断提高和全球能源消耗需求的增长，海上油气开发已成为石油工业的重要前沿阵地[56]。由于陆地和浅水石油勘探程度较高，油气产量已接近峰值，陆上和浅海石油储量新发现逐年减少。油气资源的勘探开发不断由陆地、浅海转向广阔的深水海域。中国南海具有丰富的油气和天然气水合物资源，石油地质储量为 230 亿～300 亿 t，占我国油气总资源量的 1/3，而其中 70%蕴藏于深水区域，深水油气必将成为我国油气储量重要的增长点[57]。然而，南海的特殊环境条件以及国内技术和装备的现状给南海油气田的开发带来了很大挑战。

第一，南海地区夏季台风频繁，冬季季风不断，存在沙坡、沙脊和内波流等特征，使得南海深水开发呈现高风险的特点。恶劣的环境条件不仅会迫使油田作业停产、造成经济损失，更对人员和生产设施的安全性带来极大的挑战。

第二，南海深水油田分布离岸距离远，缺乏必要的依托设施和保障基地，大大增加了开发的难度和综合成本。

第三，深水区域适宜海上施工作业的气候窗口有限，深水海上施工作业风险大，且投入高。

第四，国内深水海洋工程装备研发制造起步晚，目前能在深水作业的钻井船、深水施工作业船和其他辅助支持船舶还很少，调用一艘深水作业船往往需要很高的成本和较长的动复员周期。

深水浮式平台是深水油气田开发必须依托的基础设施。目前世界范围内用于深水域 (500~1500m) 和超深水域 (1500m 以上) 油气开发的生产平台类型主要包括浮式生产储卸油系统 (floating production storage and offloading system，FPSO)、半潜式生产平台 (semisubmersible floating production system, semi-FPS)、张力腿平台 (tension leg platform，TLP) 以及 Spar 平台。

浮式生产储卸油系统作为一种很成熟的技术，它有着许多优点，主要在以下几个方面：建造周期快，可由油船改装，最初投资可能会比较低，可移动性更好，甲板面积大，布置方便，具有大产量的油、气、水生产处理能力及较大的原油储存能力可用于边际油田，直接输送原油。同时，浮式生产储卸油系统也存在一定的缺点：没有直接操作海底井口的可能；如果需要转塔系泊系统的话，费用会增加很多。

半潜式平台的优点主要表现在以下方面：可由半潜式钻井平台改造而成，可用甲板面积大，装载能力强。半潜式平台可实现码头一体化安装，整体拖航。相比 Spar 和张力腿平台，半潜式平台的海上安装更为简单、造价对水深增加不敏感、甲板水平加速度相对较小、工作人员作业舒适。另外，半潜式平台也存在一些缺点：相对 Spar 和张力腿平台，半潜式平台垂荡性能差，只能采用水下湿式采油树，当需要对油井直接操作时，费用可能会很高。

张力腿平台的优点主要表现在以下方面：平台运动很小，几乎没有竖向移动和转动，适用干式、湿式和干湿组合式等不同采油方式，简化了钢制悬链式立管 (SCR) 的连接。平台运动的减少相应地对疲劳的要求降低，这对 SCR 的连接起到了很大的帮助。张力腿式平台的主要缺点为：对上部结构的质量非常敏感。载重的增加需要排水量的增加，因此又会增加张力腿的预张力和尺寸，没有储油能力，需用管线外输，整个系统刚度较强，对高频波浪动力比较敏感。由于张力腿长度与水深呈线性关系，而张力腿费用较高，水深一般限制在 2000m 之内。

Spar 平台被广泛应用于水深较大的油田，它的主要优点如下：垂荡性能好，支持干式采油作业，平台重心低于浮心，具有无条件的稳定性，对上部组块的敏感性相对较小。通常上部组块的增加会导致主体部分的增加，但对系泊系统的影响不敏感、机动性较大。通过调节系泊系统可在一定范围内移动进行钻井，重新定位较容易。Spar 平台的主要缺点表现在以下一些方面：由于主体结构较长，需要平躺制造，建造、运输和安装难度大，成本和风险较高。相比半潜式平台，Spar 平台甲板空间和有效载荷相对较小，井口立管和其支撑结构的疲劳较严重。由于平台的转动和立管的转动可以是反方向，立管系统在底部支撑的疲劳是一个主要控制因素，细长柱体结构涡激振动问题，会引起各部分构件的疲劳，如立管浮筒、立管和系泊缆、大直径圆柱结构会引起涡激运动问题。

根据现有深水浮式生产平台的主要特点及各自优缺点，基于南海特殊的环境条件及南海油气开发的现状，直接将现有的平台型式应用于南海油气田开发，都存在各自的制约和弊端。为了推动我国海洋油气开发的发展，迫切需要开发一个适应我国南海环境条件，符合国内现有建造安装能力，具有自主知识产权的新型浮式平台概念，新型浮式平台需要实现以下四点目标。

第一，从提高平台安全性出发，要求深水浮式平台具有更好的稳性，从而减小南海恶劣环境条件的影响，降低海上作业风险。

第二，从降低平台综合成本出发，要求尽可能地提高平台在船厂和码头的组装集成率，实现甲板与浮体的码头集成调试和整体拖航，减小海上安装工作量。

第三，从降低平台海上操作费用出发，要求平台可支持干式采油系统，当需要修井作业时可利用自身设备，而无须租用移动钻井装置。另外，干式采油方式具有更好的流动安全性和较高的采收率，可以大幅降低平台操作成本，减少停机时间。

第四，从降低建造安装成本出发，要求平台结构形式易于建造，海上安装简便易行。

3.5.1 深水不倒翁平台的设计原理

深水不倒翁(DTP)平台的开发思路，可分为以下三个阶段，如图3-19所示。

1. 第一阶段：初步筛选

根据新型平台的开发需求和具体的设计基础，从技术理论出发，通过头脑风暴，提出一系列的新型平台方案；进而，从建造可行性角度，对这些平台方案进行定性判断，淘汰一些不具建造可行性或建造难度较大的方案。

2. 第二阶段：结构方案研究

针对上一阶段得到的方案进行可行性研究，采用工具软件开展初步的主尺度规划，获得平台方案的主尺度，进而分别开展水动力性能、海上安装方法和建造可行性研究，通过研究进一步聚焦到其中一个综合性能最优、最具可行性的方案。

3. 第三阶段：新型平台可行性论证

针对上一阶段优选的方案，分别从建造、拖航、海上安装、在位作业与生存直到弃置回收等平台全生命周期开展可行性研究，进一步调整、细化上一阶段设计方案，突破其关键技术难题，从而完成该新型平台的概念设计方案。

新型平台的开发过程即是一个逐步寻找可行性方案的过程，从初始的多个方案逐步聚焦到一个方案，从仅仅几个性能指标的可行性论证到平台全生命周期的可行性论证；在可行性分析的过程中，需要对其中的关键技术、关键问题进行重点攻关，从而得到一个经济合理、技术可行、性能优越的新型平台方案。

新型平台总尺度规划是根据平台的功能选定平台上部模块的质量和重心位置及甲板面积、立管数目、环境条件、系泊要求等基础参数，确定平台浮体的总尺度、主体质量、

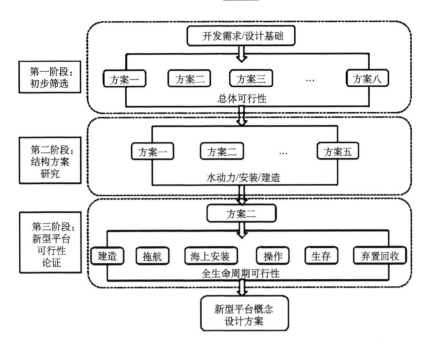

图 3-19 新型平台开发总体思路

辅助设备的质量，并对平台的运动和静力特性进行估算，完成一个初步的浮式平台设计方案。在此基础上进行平台的概念设计、基本设计，直到为建造提供详细的设计图纸和设计技术文件。因此，深水浮式平台的总尺度规划是浮式平台设计的关键一步，对后续的设计工作有很大的影响。新型平台设计原理的核心即为：平台浮心高于重心，使平台能够实现无条件稳性，同时，平台的垂荡性能优异，其他运动性能良好，在南海如此恶劣的海洋环境下，能够实现干式采油和码头组装自浮托运，对我国深远海的油气开发意义重大。

3.5.2 深水不倒翁平台概念设计

平台设计要满足以下基本要求：平台功能为生产平台，具备钻修井功能；作业水深为 1500m；生产能力为天然气处理量 1429 万 m³/d，凝析油处理量 404m³/d，生产水处理量 4043m³/d。平台设计需满足美国船级社(ABS)的有关规范要求。所采用的设计环境条件如表 3-3 所示。

表 3-3 设计环境条件

参数	生存工况	作业工况	拖航工况
有义波高/m	13.8	7.0	4.4
谱峰周期/s	16.1	12.1	10.0
1min 平均风速/(m/s)	51.5	33.2	20.0
流速（水线面处）	1.79	0.73	—

平台设计要适应国内船厂现有的船坞建造能力、码头吃水要求、运输驳船能力、三用工作船等辅助支持船舶能力。

1. 设计荷载

根据上述开发生产要求，在确定了工艺流程后，进行上部工艺设施的选型和甲板的总布置。平台设有9根顶张紧立管（TTRs）、2根钢悬链式立管（SCRs），在操作工况下，TTR顶张力为4540t，SCR载荷为1297t，另有脐带缆载荷524t。

因为DTP平台具备无条件稳定性，所以甲板结构可以设计为桁架式，无须设计为箱型甲板，甲板结构可以相对简单，便于通风和设备布置，可根据面积需要设计成2层或3层甲板。平台设两层桁架式甲板结构，分别是主甲板和生产甲板，间距11.0m，甲板尺寸为78.0m×78.0m。操作工况时，甲板总设计载荷为17657t；拖航工况时，甲板总设计载荷为14116t。

2. 平台主尺度和装载工况

DTP平台的主尺度规划综合考虑了平台建造、拖航、安装、操作和极端生存等多个阶段的限制条件，权衡平台的重力与浮力平衡、有效载荷能力和结构性能之间的关系，通过不断迭代和优化，得到DTP平台主尺度方案和装载工况，如表3-4和表3-5所示。

表3-4 平台浮体结构主尺度

主要参数		主尺度/m
主体结构	立柱尺寸	19.4×19.4×50
	立柱(横向/纵向)中心间距	57.8
	主体结构浮箱尺寸	77.2×12.8×8.4
伸缩结构	下部浮箱(LTP)尺寸	77.2×23.0×7.4
	伸缩立柱截面直径	5.6
	下部浮箱(横向/纵向)中心间距	57.8
	垂荡板边长	31.2

表3-5 平台装载工况

工况	作业	拖航
吃水/m	84.3	15.6
立柱吃水/m	34.5	7.9
排水量/t	112268	65719
浮心垂向高度/m	42.3	7.07
重心垂向高度/m	41.8	27.3
横摇惯性半径/m	52.7	37.9
纵摇惯性半径/m	54.1	37.4
首摇惯性半径/m	37.0	37.9
静气隙/m	17.5	44.1

3. 系泊系统

DTP 平台的系泊系统由 12 根系泊缆组成，共分 4 组，每组 3 根。从上到下采用"上端锚链—聚酯缆—海底锚链"三段式的张紧式系泊形式，底部由吸力锚或打入式长桩固定在海底。每根系泊缆的预张力为 2225kN，系泊缆参数如表 3-6 所示。

表 3-6　系泊缆参数表

参数	海底锚链	聚酯缆	甲板锚链
类型	R4S	Polyester	R4S
表征直径/m	0.13	0.257	0.13
长度/m	300	1900	190
干重/t	337	63.8	337
湿重/(kg/m)	293	10.6	293
破断强度/kN	17262	17858	17262
轴向刚度/(N/m)	9.0E9	2.3E8	9.0E9

4. 海上安装方案

当平台拖航至油田现场后，在满足安装环境条件的海况下即可开始进行海上安装作业。由于海上作业，特别是深水作业的风险大，因此整个安装作业的过程需要经过详细的设计和计算并进行全面的安全风险评估；为了尽可能减少大型起重船的使用，降低安装成本，安装方案的设计充分地利用了浮体自身的重力与浮力的平衡关系。DTP 平台的安装采用了以下总体方案。

(1) 临时定位：首先安装系泊系统，保证平台安装作业期间的稳定性，此时系泊缆的预张力要低于正常作业期间。

(2) 平衡伸缩结构部分：当定位完成后，通过平台自身配置的压载泵向 LTP 中灌入海水压载，使伸缩结构部分的重力与浮力达到平衡。

(3) 平衡主体结构部分：接下来，向上部浮箱中灌入海水压载，使主体结构部分的重力与浮力达到平衡，此时主体结构部分和伸缩结构部分都分别达到了浮力和重力平衡，平台整体吃水 34.0m。

(4) 双体脱离、下放伸缩结构：切割掉在拖航中安装的伸缩立柱顶端与立柱连接件，通过在 LTP 中注入压载，使伸缩结构不断下放；为保证下放过程平稳可控，同时在甲板上采用千斤顶通过吊耳拉住伸缩立柱上部，逐步下放。

(5) 主体结构与伸缩结构的永久连接：当伸缩结构部分下放到目标位置时，需要将伸缩立柱顶部与立柱底部进行连接，可采用机械、焊接等多种连接方式。

(6) 调节压载，平台到达设计吃水：当永久连接完成后，排出封闭在中央舱室内及上浮箱的压载水，并向 LTP 中注入海水和高密度的固体压载，使平台达到作业吃水。

(7)永久定位、安装立管：增大系泊缆预张力，达到永久定位要求；安装立管，作业前调试，准备作业。

3.5.3　深水不倒翁平台的结构形式和性能特点

DTP 平台系统出甲板、浮体结构、系泊系统和立管系统组成[58,59]，如图 3-20 所示。甲板结构可为桁架式甲板或箱型甲板；其浮体结构由主体结构和伸缩结构组成，它可视为在传统的深吃水环形浮箱半潜式平台基础上，通过伸缩立柱连接下部浮箱(lower tier pontoon, LTP)。LTP 采用正多边形结构，其下部设置有与其连为一体的垂荡板，垂荡板中间开孔，供油气生产立管/钻井立管通过；系泊系统采用传统锚泊方式，采用链-缆-链三段组合方式。立管系统可采用顶张紧立管(TTR)，也可悬挂钢悬链式立管(SCR)。

平台在建造、码头安装调试和拖航过程中，伸缩结构通过临时连接装置与主体结构连接固定，主体结构"坐"在 LTP 上方，平台整体处于折叠状态，甲板与浮体结构作为，远距离整体驳运干拖；当平台到达油田现场，通过调节压载，将伸缩结构下放至设计吃水位置，平台处于展开状态。因此，DTP 平台可以实现码头组装、调试和整体拖航，大大减少海上施工工程量和安装时间，同时也降低了海上安装的作业风险。

DTP 平台双层浮箱的设置一方面可以通过增大排水量来获得更高的附加质量和阻尼，与传统型式的半潜式平台相比，DTP 平台具有更大的垂荡运动周期和更小的垂荡运动响应；另一方面，通过在 LTP 中注入高密度的固体压载，使浮心高于重心，平台具有无条件稳性。

垂荡板的设置同样可有效增加平台垂荡附加质量和阻尼，改善平台的垂荡运动性能，其作用已在桁架式 Spar 平台的应用中得到充分的证明。通过双层浮箱和垂荡板的设置，DTP 平台的运动性能显著优于传统半潜式平台，其运动水平可达到干式采油系统的要求。

DTP 的定位系统采用了传统锚泊定位方式，成本不会随着水深增加而显著提高，因此 DTP 平台在超深水应用不会受到水深限制。

综上所述，由于采用了新的结构形式，使得 DTP 平台具有以下特点：

(1)当安装完成后，平台具有无条件稳性，增强了平台抵御恶劣环境条件和抗风险的能力，提高了平台的整体安全性，大大降低了海上作业风险。

(2)平台垂荡运动幅度相对较小，根据油田开发模式的需要，该平台可采用干式、湿式或干湿组合式等多种采油方式。

(3)甲板与下部浮体可在码头组装和调试，实现整体拖航，有效降低平台海上施工时间和成本。

(4)采用多点锚泊定位，其造价对水深增加不敏感，可应用于深水和超深水油气田开发。

(5)DTP 平台具有甲板面积大，装载能力强等特点，既可直接支持干式井口，又可回接水下湿式井口，DTP 可作为多功能的综合平台使用。

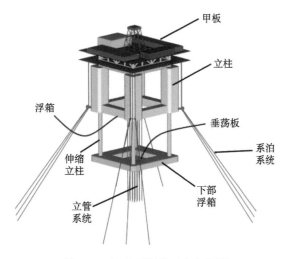

图 3-20　深水不倒翁平台立体图

3.5.4　小结

DTP 平台与国外现有深水浮式平台相比具有以下优势：在位状态具有无条件稳性，大大降低了恶劣海况下平台发生灾害性事故的风险；平台垂荡运动性能可支持干式采油系统，减小了海上采油作业和井口维修成本；平台可实现甲板与浮体在码头整体组装和调试，可实现整体拖航和安装，大大减少海上安装时间和成本；平台具有承载能力大、甲板面积大、适应水深范围广、受限条件少等综合性能优势，既可作为单一功能平台应用，也可作为多功能综合平台应用；设计简便，易于海上安装，水下作业少；平台造价对于水深增加不敏感。与国外现有深水浮式平台类型相比，DTP 平台具有突出的综合性能优势，对开发我国南海深远海油气具有重要的战略意义。

第 4 章

深水钻完井管柱力学分析技术原理

4.1 平台运动对钻井作业影响分析

4.1.1 升沉运动产生特点

1. 升沉运动的产生分析

浮式钻井平台在海洋钻井作业过程中处于漂浮状态，当受到风、浪、流等环境载荷作用时会产生纵荡、横荡和升沉的直线运动及平摇、横摇和纵摇的旋转运动这 6 个自由度的复杂运动[62]，建立起相对于钻井平台的 xyz 坐标系和相对于空间的 $\xi\zeta\eta$ 坐标系，如图 4-1 所示。在双坐标体系下，略去二次方微小数值后可得到钻井平台的运动方程式[15,60,61]。

$$\begin{cases} X = M\xi'' \\ Y = M\zeta'' \\ Z = M\eta'' \\ M_x = J_x\theta'' \\ M_y = J_y\psi'' \\ M_z = J_z\phi'' \end{cases} \tag{4-1}$$

(1) 纵荡。沿着 x 轴的直线运动，设定钻井平台质量为 M，则沿着 x 轴所受外力的合力为 $M\xi''$，运动加速度为 ξ''，合力 X 的方程为：$X = M\xi''$。

(2) 横摇。围绕 x 轴的旋转运动，如钻井平台质量为 M 的惯性力矩为 J_x，转动角速度为 θ''，则外力产生的合力距 M_x 的方程为：$M_x = J_x\theta''$。

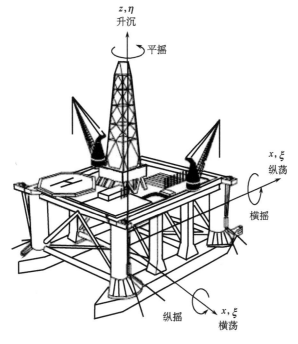

图 4-1　浮式钻井平台运动示意图

（3）横荡。沿着 y 轴的直线运动，钻井平台质量为 M，则沿着 y 轴所受外力的合力为 $M\zeta''$，运动加速度为 ζ''，合力 Y 的方程为 $Y = M\zeta''$。

（4）纵摇。围绕 y 轴的旋转运动，如钻井平台质量为 M 的惯性力矩为 J_y，转动角速度为 ψ''，则外力产生的合力距 M_x 的方程为：$M_y = J_y\psi''$。

（5）升沉。沿着 z 轴的直线运动，钻井平台质量为 M，则沿着 z 轴所受外力的合力为 $M\eta''$，运动加速度为 η''，合力 Z 的方程为：$Z = M\eta''$。

（6）平摇。围绕 z 轴的旋转运动，如钻井平台质量为 M 的惯性力矩为 J_z，转动角速度为 ϕ''，则外力产生的合力距 M_x 的方程为：$M_z = J_z\phi''$。

上述 6 种运动中，平摇对浮式钻井平台的影响很小，可忽略不计。纵摇和横摇这两种运动主要是关于钻井平台的摇摆性问题，而平台的纵荡和横荡运动属于在水平面内的直线运动，对钻井平台的水平定位问题影响最大，可通过动力定位装置进行补偿。浮式钻井平台的升沉运动对钻井作业影响最大，主要涉及作业过程中钻头钻压的变化、井下器具的定位操作等，需要增设升沉补偿装置对该运动进行有效补偿，其中，天车升沉补偿装置就是其中一类得到较早实际运用和可靠性较高的升沉补偿装置。

为防止上述复杂运动对钻井作业的顺利进行产生影响，需要增设设备对浮钻井平台的运动姿态进行有效控制，主要姿态控制设备有动力定位装置和升沉补偿装置两类。现代动力定位装置的各推力器在位置测量系统和控制系统的操纵下，可对钻井平台（船）产生横向推力、纵向推力、回转力矩及其组合，保证钻井平台在海平面内稳稳停泊在作业点处。由于动力定位系统主要用于控制钻井平台的慢漂运动等在海平面内的运动,而对平台在升沉运动平面内的上下升沉运动无法控制和补偿,为提高海洋钻井的效率和安全可靠性,需另设升沉补偿装置对平台在升沉运动平面内的升沉运动进行有效补偿,保证钻井作业顺利进行。

2. 升沉运动补偿机理的研究特点

结合升沉补偿装置在不同海域工况环境、补偿方式及补偿目标进行分析,得到针对钻柱升沉运动进行补偿过程中所采用的补偿机理具有以下研究特点。

1)动力定位装置对钻柱的横向和纵向运动进行补偿

依靠浮式钻井平台的大功率现代动力定位装置,对钻柱在水平面内的横向和纵向运动进行补偿,并经过海上钻井实践验证:钻井船在水平面内的慢漂运动距离超过几米,钻杆就有被折断的危险。浮式钻井平台动力定位装置的补偿范围在 5~15m 内,但补偿的精度较差,容易对钻井作业的安全进行造成危险,同时该补偿过程还对钻压有较大的影响,不利于更大水深的钻井油气开发。

2)位移反馈的运动补偿方式

目前,国内外对钻柱升沉运动补偿的研究主要集中在升沉方向上的钻压补偿方案和补偿装置控制策略的研究,主要运动补偿反馈方式采用位移反馈,即通过监测钻井平台升沉运动变化规律,用于补偿装置的启停和补偿过程反馈,使钻柱顶端稳定在一定数值范围内以实现对钻柱的升沉运动补偿的目的,该补偿过程能够减小钻井平台对井底钻压的影响。在深海环境工况条件下,还需要进一步考虑几千米水深的海水对钻压的影响。

3)大惯性负载运动补偿系统的控制

在深海钻井作业过程中,由于水深的增加,使钻柱进一步加大,导致大钩载荷随之大幅度增加,使得升沉运动补偿系统的负载非常大,此时对钻柱进行的主动运动补偿属于大惯性负载运动控制范畴。大惯性负载运动补偿系统的惯性大,一般的非大惯性负载控制器在大惯性负载系统中难以保持运动系统良好的动态性能。如何提高该系统负载控制器的动态性能,保持控制系统的快速性和稳定性,是深海钻井升沉补偿装置研制过程中急需解决的问题。

4)钻柱升沉补偿与起下钻设备的功能结合

在普通钻井作业过程中,对钻柱进行提升和放下等操作时都需要特定的设备,该类进行提升操作的设备往往质量和体积都较大,占用钻井平台空间很大且结构复杂,导致钻井作业成本大幅增加。需要利用钻柱升沉补偿装置的提升功能来实现钻井作业中的起下钻操作,节省钻井平台空间及实现设备功能多样性。在起下钻的过程中,所使用的升沉补偿装置既实现起下钻的功能,还能对钻井平台的升沉运动进行有效补偿,保证钻具的安全和降低钻井成本。

4.1.2　升沉运动对钻井作业的影响分析

浮式钻井平台在风、浪、流作用下的升沉运动对深海钻机正常钻进具有很大影响，因此需要安装特设的升沉补偿装置对该运动进行补偿以保证钻井工作的高效进行，具体影响主要体现在以下几点[63-65]。

(1)使井底钻压产生波动。在正常钻井过程中，位于井底的钻头需要保持一定的压力才能破碎井底岩石。当浮式钻井平台受到风、浪、流等自然载荷作用时，钻井井架上的大钩连同所悬挂的钻柱会随平台一起做垂直于海平面的上下升沉运动，导致井底钻压难以保持稳定，并可能在出现较大波动振幅时使钻头被提离井底，导致钻井工作不得不中途停止，影响正常作业进度。因此，增设的升沉补偿装置通过采用特定的储能机构或动力端提供额外补偿能量，依据平台和钻柱升沉运动的幅度和规律，使钻头与井底岩石接触面的压力值保持相对稳定，补偿因外界环境因素作用下的能量损耗，使钻井过程继续顺利进行。

(2)使大钩产生动载。钻井过程中钻杆柱连同循环泥浆的质量由大钩承载，正常钻进过程中大钩受钻柱的静载荷作用，但平台受到环境载荷作用时发生的升沉运动会使大钩受到动载荷作用，增加大钩的承载值。升沉补偿装置对平台升沉运动进行补偿后，可减小大钩所受动载荷作用而维持钻柱的静载荷稳定，减轻大钩所受的承载力并保持其安全可靠的工作状态。

(3)导致井下器具的位置变动。浮式钻井平台不规律的升沉运动使钻柱连同井下器具在井下的位置发生移动，影响井下工具工作性能。升沉补偿装置使井下器具的位置保持在规定的井段范围内，避免因井下工具移动造成的事故。

(4)使钻井设备发生疲劳破坏。在交变动载荷作用下，浮式钻井平台上安装的井架、大钩及其下所悬挂的钻柱系统构件容易发生疲劳破坏，升沉补偿装置能尽可能地减少交变载荷的产生，减少钻井设备的疲劳失效概率。

浮式钻井平台在海面上的升沉运动位移大小，与平台结构类型、尺寸、自身质量等因素关系密切，一般升沉运动幅度小于波浪的运动幅值。钻井平台的运动范围及速度可通过经验数值 μ 来确定，即在一定的海况条件下，采用具有一定吨位的浮式钻井平台的运动与波浪的比值 μ 作为平台运动值的估算。当波浪波高为 z_w 时，钻井平台的升沉运动位移 z_0 和最大升沉运动速度 v_{max} 可表示为

$$z_0 = \frac{\mu z_w}{2}\sin\left(\frac{2\pi}{T}t\right) \tag{4-2}$$

$$v_{max} = \frac{\pi\mu}{T}z_w \tag{4-3}$$

目前，钻井船的实际升沉运动范围为 4.57~6.10m，大型浮式钻井平台的升沉运动幅度要小一些。海上钻井经验表明，在 6 级海况(表征波高范围为 4.0~6.0m，平均波高为

5.0m)条件下，钻井平台上所安装的相关设备受到的作用力更强，极易导致设备的破坏而引起事故。在海况等级处于 6 级及其以上的情况时，需要立即停止钻井作业，并采取相应措施来保障钻柱及其设备的安全。

4.2 深水钻完井双层管柱动力学分析方法

4.2.1 隔水管系统动力学分析方法

1. 隔水管张力优化设计方法

1) 基于 API RP 16Q 规范[66]

顶张力的设置要确保即使有部分张力器失效,也能保证隔水管底部会产生有效张力。最小顶张力 T_{min} 按如下公式确定:

$$T_{min} = T_{SRmin} N[R_f(N-n)] \tag{4-4}$$

式中, T_{SRmin} 为滑环张力; N 为支撑隔水管的张力器数目; n 为出现突然失效的张力器数目; R_f 为用以计算倾角和机械效率的滑环处垂直张力与张力器设置之间的换算系数，通常为 0.90~0.95。式(4-4)中滑环张力 T_{SRmin} 计算公式为[67]

$$T_{SRmin} = W_s f_{wt} - B_n f_{bt} + A_i(d_m H_m - d_w H_w) \tag{4-5}$$

式中, W_s 为参考点之上的隔水管没水质量; f_{wt} 为没水质量公差系数(除精确测量外，一般取 1.05); B_n 为参考点之上的浮力块净浮力; f_{bt} 为因弹性压缩、长期吸水和制造容差引起的浮力损失容差系数(除精确测量外，一般取 0.96); A_i 为隔水管(包括节流、压井和辅助管线)内部横截面积; d_m 为钻井液密度; H_m 为至参考点的钻井液柱高度; d_w 为海水密度; H_w 为至参考点的海水柱高度。

为了确定隔水管最小顶张力，还需要计算隔水管没水质量、隔水管净浮力及隔水管内部钻井液横截面积等相关参数。

隔水管没水质量

$$W_s = \sum W_r N_r \tag{4-6}$$

式中, W_r 为隔水管单根没水质量; N_r 为隔水管单根数目。

隔水管净浮力

$$B_n = \sum B_{buoy} N_{buoy} \tag{4-7}$$

式中, B_{buoy} 为浮力单根净浮力; N_{buoy} 为浮力单根数目。

隔水管内部钻井液横截面积

$$A_i = A_{riser} + A_{kill} + A_{choke} + A_{booster} + A_{hydraulic} \tag{4-8}$$

式中, A_{riser} 为隔水管主管内部横截面积; A_{kill} 为压井管线内部横截面积; A_{choke} 为节流管线内部横截面积；$A_{booster}$ 为增压管线内部横截面积；$A_{hydraulic}$ 为液压管线内部横截面积。

2）基于底部残余张力的顶张力确定方法

法国石油研究院提出的隔水管顶张力计算必须保证隔水管底部挠性接头处的残余张力等于或大于隔水管底部总成（lower marine riser package，LMRP）的表观质量[68,69]，以确保恶劣海况条件下启动紧急脱离程序时能够安全提升整个隔水管系统。

隔水管顶张力 T_{top} 计算公式如下[70,71]：

$$T_{top} = \sum_{top}^{bottom} (W_{riser} + W_{mud}) + RTB \tag{4-9}$$

式中，W_{mud} 为钻井液表观质量；RTB（residual tension at bottom）为隔水管底部残余张力（一般等于或稍大于 LMRP 的表观质量）；W_{riser} 为隔水管表观质量。

$$W_{riser} = W_{MP} + W_{PL} + W_B \tag{4-10}$$

其中，W_{MP}、W_{PL} 和 W_B 分别为隔水管主管、外围管线和浮力块的表观质量。

3）基于下放钩载的顶张力确定方法

该方法的提出源于现场钻井作业经验，普遍适用于深水和超深水钻井隔水管顶张力设置。钻井作业前，需要针对每口井进行详细的隔水管系统配置，并计算下放隔水管和防喷器（blowout preventor，BOP）系统时大钩所承受的最大载荷。根据我国南海深水区块多口井钻井作业日报，现场作业时，下放 BOP 到井口位置后至 BOP 与海底高压井口连接之前，需要进行张力器张紧力设置。一般可以按 7∶3 或 8∶2 的比例将此时的大钩载荷（也即下放质量）重新分配给张力器和大钩，也就是说，隔水管张力器张力设置值一般取作业时大钩最大下放质量的 70%或 80%，一般情况下在正常钻井作业过程中不再对其进行调整，除非遭遇恶劣天气或者钻井过程中采用大密度钻井液。隔水管张力器设置张力 T 计算公式为

$$T = \eta W_{hook} \tag{4-11}$$

式中，η 为张力器张力所占最大下放质量的比例；W_{hook} 为大钩所承受的最大下放质量，也即 BOP 与海底高压井口即将连接时的最大钩载。理论上，最大钩载计算应考虑隔水管和 BOP 系统下放过程中由于钻井平台升沉运动所产生的动载效应的影响，其值可通过系统轴向动力学分析获得。实际上，由于隔水管与 BOP 系统的下放作业常常在较好的海况条件下进行，钻井平台的升沉运动相对较小，于是忽略动载效应可满足现场钻井作业的需要。

2. 隔水管系统动力学分析方法

深水钻井隔水管系统包括钻井平台、顶部挠性接头、伸缩节、隔水管、底部挠性接头、隔水管底部总成、防喷器井口以及导管等组成，其连接作业示意图如图 1-2（a）所示。

为便于建立力学模型进行分析计算，必须对隔水管系统进行合理的简化。为此，将

隔水管浮力系统简化为垂直平面内的梁，底部的球铰简化为具有一定旋转刚度的铰接，隔水管顶部与张力器连接，且钻井平台可以移动，具有初始偏移量，因此上端简化为具有一定旋转刚度的可动铰(沿着垂直方向的滑动铰支约束)。由于深水隔水管轴向长度较长，远大于横截面直径，同时，尽管在隔水管外沿轴向安装许多控制管线，内部也有作业管柱，但刚度和尺寸都相对较小，所以在进行计算时忽略内外管线的影响，把隔水管简化为均匀的细长管。同样，钻杆也简化为均匀的细长管。水下隔水管主要受重力、浮力、顶部张力、波流力、管内钻井液作用力和钻杆对隔水管的碰撞力等载荷。

通过以上分析确定的隔水管受力分析图如图 4-2 所示，接下来可以在此基础上推导出相应的动力学控制方程。

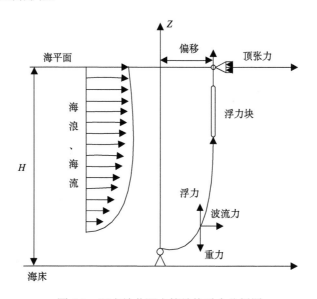

图 4-2 深水钻井隔水管结构受力分析图

真实的深水钻井隔水管在海洋环境中受力极其复杂，隔水管在海洋环境中，除受自重外，还受到外部波浪、洋流的作用，且隔水管顶部有张紧器施加张力作用。此外，平台偏移也将影响隔水管的变形特征。利用梁单元建立隔水管在风、浪、流作用下的动力分析模型，对其动力特性进行分析是十分必要的。

1)隔水管动力学数学模型推导

深水钻井隔水管是刚性的圆管，可简化为弹性梁，并假设隔水管每个单元的位移小于其自身的几何尺寸。隔水管弯曲变形满足材料力学中的平面假设。隔水管的每个单元节点参数为转角和位移，分别取管内流体微元及隔水管微元，如图 4-3 和图 4-4 所示，并作如下假设：

(1)管道为梁式模型，忽略轴向剪切力。

(2)管道材料为弹性材料，应力-应变关系符合胡克定律，满足如下等式：

$$\sigma = E\varepsilon \tag{4-12}$$

式中，E 为材料的弹性模量，Pa。

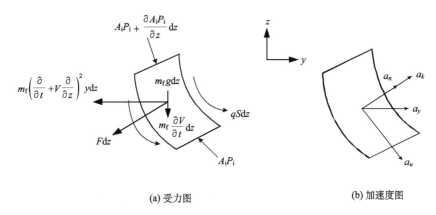

(a) 受力图　　　　　　　　　　(b) 加速度图

图 4-3　隔水管内钻井流体微元段受力示意图

P_i 为内压

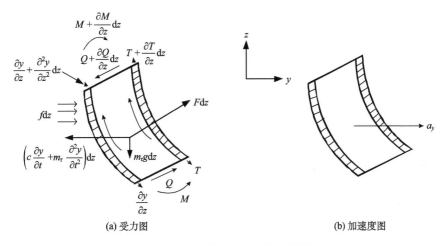

(a) 受力图　　　　　　　　　　(b) 加速度图

图 4-4　隔水管微元段受力示意图

M 为弯矩，g 为重力加速度，c 为阻尼

忽略数学方程中高阶微量的影响，设隔水管的变形转角为 θ，并做如下近似计算：$\cos\theta = 1$ 与 $\sin\theta \approx \theta = \dfrac{\partial y}{\partial x}$。根据受力图及其加速度图，可分别列出流体单元与隔水管单元在 y 方向的受力平衡方程[72]：

流体微元段 y 方向的力平衡方程

$$-m_f\left(\frac{\partial}{\partial t} + V\frac{\partial}{\partial z}\right)^2 y - F - qS\frac{\partial y}{\partial z} - \frac{\partial}{\partial z}\left(A_i P_i \frac{\partial y}{\partial z}\right) = 0 \tag{4-13}$$

式中，m_f 为单位长度内部流体的质量，$m_f = P_i A_i$，kg，A_i 为隔水管内面积；V 为钻井液流速，m/s；F 为外力，N；y 为流向位移，m。

隔水管微元段 y 方向的力平衡方程

$$-c\frac{\partial y}{\partial t} - m_r\frac{\partial^2 y}{\partial t^2} + F + qS\frac{\partial y}{\partial z} + \frac{\partial Q}{\partial z} + \frac{\partial}{\partial z}\left(T\frac{\partial y}{\partial z}\right) + \frac{\partial}{\partial z}\left(A_i P_i\frac{\partial y}{\partial z}\right) + f_y = 0 \quad (4\text{-}14)$$

式中，c 为结构阻尼；T 为横截面上的张力，N；Q 为剪力，N；m_r 为单位长度隔水管的质量。

根据材料力学理论可知剪力 Q 可表示为

$$Q = -EI\frac{d^3 y}{dz^3} \quad (4\text{-}15)$$

联立方程(4-13)、式(4-14)和式(4-15)可得隔水管横向运动微分方程为

$$EI\frac{\partial^4 y}{\partial z^4} + (m_f V^2 - T)\frac{\partial^2 y}{\partial z^2} + 2m_f V\frac{\partial^2 y}{\partial z\partial t} + c\frac{\partial y}{\partial t} + (m_r + m_f)\frac{\partial^2 y}{\partial t^2} = F(y,t) \quad (4\text{-}16)$$

式中，EI 为弯曲刚度，N·m²；$F(y,t)$ 为流向海洋环境载荷，N。

隔水管配置主要与隔水管的壁厚度和浮力变化有关。这些参数主要通过横截面上的弯矩和张力来影响隔水管的力学行为。隔水管沿 y 轴的弯矩可以被描绘为

$$EI(y) = E\frac{\pi\left[D_o^4(y) - D_i^4(y)\right]}{64} \quad (4\text{-}17)$$

式中，E 为隔水管的弹性模量，Pa；$D_o(y)$ 为隔水管的外径，m；$D_i(y)$ 为隔水管的内径，m。

张紧器在隔水管的顶端产生轴向张力。考虑到海水和钻井液之间的压力不同，隔水管部分的张力可以表示为[73]

$$T(y) = T_{top} - \int_y^H \left[(m_r + m_f)g\right]dy + A_o P_o - A_i P_i \quad (4\text{-}18)$$

式中，T_{top} 为隔水管张力分布，N；A_o 为隔水管外径的横截面积，m²；A_i 为隔水管内径的横截面积，m²；P_o 为海水产生的静压力，Pa；P_i 为钻井液产生的静压力，Pa；y 为海水深度，m；H 为水面高度，m。

2) 轴向力的确定

同理，可分别列出流体微元段与隔水管微元段在 z 方向的力平衡方程[74, 75]：

流体微元段 x 方向的力平衡方程

$$-\frac{\partial(A_e P_e)}{\partial z} - qS - m_f g - m_f\frac{\partial V}{\partial t} + F\frac{\partial y}{\partial z} = 0 \quad (4\text{-}19)$$

隔水管微元段 x 方向的力平衡方程

$$\frac{\partial T}{\partial z} + qS - F\frac{\partial y}{\partial z} - m_r g - \frac{\partial}{\partial z}\left(Q\frac{\partial y}{\partial z}\right) + \frac{\partial(A_e P_e)}{\partial z} = 0 \quad (4\text{-}20)$$

令 $\dfrac{\partial V}{\partial t} = 0$ 以及导数的乘积项为小量，通过化简得到隔水管轴向张力沿管长方向的轴向力变化公式如下：

$$\frac{\partial(T - A_i P_i + A_e P_e)}{\partial z} = (m_r + m_f - \rho_e A_e)g \tag{4-21}$$

隔水管外部海水和内部钻井液存在密度差异，因此会产生一个压力差，进而产生一个额外的轴向力，可以表示为 $-2\nu A_i P_{\text{top}}$，则对式(4-21)从 z 到 L 上积分可得轴向力计算公式如下：

$$T = T_{\text{top}} + P_i A_i - A_o P_o - A_i P_{\text{top}}(1 - 2\nu) - (m_r + m_f - \rho_s A_o)g(L - z) \tag{4-22}$$

式中，P_o、P_i 为隔水管外、内部流体对管壁的静压力，MPa；T_{top} 为隔水管的顶端预张力，N；P_{top} 为隔水管的顶端压强，Pa；ν 为泊松比；ρ_s 为隔水管密度；kg/m^3。

3）边界条件确定

隔水管的末端连接到海底防喷器下部挠性接头，因此，隔水管末端的 x 轴是固定的。隔水管的顶部连接到分流器，并且 x 轴可随着钻井平台的移动而改变。底部分流器挠性接头的旋转刚度为 K_b，顶部分流器柔性接头的旋转刚度为 K_u。因此，式(4-14)的边界条件可以写为

$$\begin{cases} x(0, t) = 0 \\ EI\dfrac{\partial^2 x(0, t)}{\partial y^2} = K_b \dfrac{\partial x(0, t)}{\partial y} \\ x(L, t) = S_p \\ EI\dfrac{\partial^2 x(L, t)}{\partial y^2} = K_u \dfrac{\partial x(L, t)}{\partial y} \end{cases} \tag{4-23}$$

式中，X 为位移，m；L 为隔水管长度，m；S_p 为钻井平台位移，m。

4.2.2　深水钻柱系统动力学分析方法

由于浮式钻井平台在风、浪等环境载荷作用下产生的升沉运动，会引起与井架大钩所悬挂的钻柱也产生相应的升沉运动，导致井底钻压产生波动。当钻压波动量超过一定范围后，会降低钻井效率和钻井质量。因此，需要计算出钻柱的振动位移，结合该位移和钻井现场实际井深及钻杆尺寸，可对升沉补偿装置在对平台升沉运动进行补偿后的井底钻压变化量进行解算。

1. 动力学模型建立和受力分析

采用质量分布法[56-58]对大钩振动位移进行分析，需要对以下条件进行假设和简化处理。

（1）计算大钩在升沉运动过程中的振动位移，只需要考虑大钩在升沉运动平面内的纵向振动，忽略大钩在横向上产生的振动。

（2）将整个钻柱视为质量连续分布的弹性体，可使用弹性体的机械振动理论求解出钻柱底部端点处的振动位移量。

（3）将钻柱下端点处视为自由端，此时钻铤受压部分和与钻铤相连接的钻头部分可视

为与地层相连接的刚体,钻柱上端可视为通过补偿液压缸活塞及活塞杆相连接的固定端,端点处的支承可视为补偿液压缸缸体随钻井平台升沉运动产生的激振位移。

(4)将整个钻柱系统及升沉补偿装置视为一端为固定端,另一端为自由端且受纵向支承运动的杆件系统,需求解该杆件系统自由端处的纵向振动位移响应。

将升沉补偿装置补偿液压缸等固定质量视为集中作用在钻柱顶端,同时与钻柱视为一个整体,共同组成钻柱在升沉运动过程中的振动系统,由此可得到钻柱振动系统一端固定一端自由且在支承的激振位移作用下,在升沉运动平面内产生纵向振动位移的动力学模型,如图 4-5 所示。

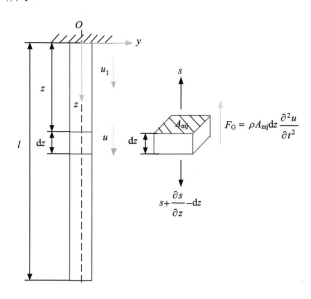

图 4-5　钻柱升沉运动振动动力学模型示意图

在钻井平台升沉运动过程中,依据图 4-5 所示的钻柱升沉运动振动动力学模型,选取一微元段来对钻柱在振动过程中的轴向力 F_Z 和惯性力 F_G 进行分析。

1)钻柱轴向力 F_Z 分析

在图 4-5 所示的钻柱升沉运动振动动力学模型中,建立起 Ozy 坐标系,选取 $s + \dfrac{\partial s}{\partial z} - \mathrm{d}z$ 为正方向,s 为负方向,则钻柱的轴向力 F_Z 为[76]

$$F_Z = s + \frac{\partial s}{\partial z} - \mathrm{d}z - s = \frac{\partial s}{\partial z} \mathrm{d}z \tag{4-24}$$

由于存在 $s = A_{\mathrm{mj}} E \varepsilon = A_{\mathrm{mj}} E \dfrac{\partial (u - u_1)}{\partial z}$,$A_{\mathrm{mj}}$ 为所选取微元段的横截面面积,u 为管柱位移,u_1 为管柱原始位移,故轴向力可表示为

$$F_Z = \frac{\partial s}{\partial z} \mathrm{d}x = A_{\mathrm{mj}} E \frac{\partial^2 (u - u_1)}{\partial z^2} \mathrm{d}z \tag{4-25}$$

再用轴向刚度表示产生单位轴向变形所需要的力，则 $s = A_{\mathrm{mj}}\alpha = A_{\mathrm{mj}}E\varepsilon$ ，有 $\varepsilon = 1$ 和 $s = \psi$ ，即可得到

$$\psi = A_{\mathrm{mj}}E$$

用 $(u - u_1)'$ 表示 $\dfrac{\partial(u - u_1)}{\partial z}$ ， $(u - u_1)''$ 表示 $\dfrac{\partial^2(u - u_1)}{\partial z^2}$ ，则轴向力可整理为

$$F_{\mathrm{Z}} = \frac{\partial s}{\partial z}\mathrm{d}z = \psi(u - u_1)''\mathrm{d}z \tag{4-26}$$

2）钻柱惯性力 F_{G} 分析

设钻柱在振动过程中位移的相对变化量为 Δu ，则有

$$\Delta u = u - u_1 \tag{4-27}$$

$$u = \Delta u + u_1 \tag{4-28}$$

则在图 4-5 所示的钻柱振动惯性力 F_{G} 可表示为

$$F_{\mathrm{G}} = \rho A_{\mathrm{mj}}\mathrm{d}z\frac{\partial^2 u}{\partial t^2} = m'\mathrm{d}z\frac{\partial^2(\Delta u + u_1)}{\partial t^2} = m'(\Delta\ddot{u} + \ddot{u}_1)\mathrm{d}z \tag{4-29}$$

式中， m' 为钻柱单位长度的质量， $m' = \rho A_{\mathrm{mj}}$ 。

对模型进行过程分析，建立微分方程并求解，可得钻柱在振动过程中位移的相对变化量 Δu

$$
\begin{aligned}
\Delta u &= \sum_{i=1}^{\infty}\sqrt{\frac{2}{l}}\frac{2l}{i\pi\zeta}\sin\frac{i\pi z}{2l}\int_0^l\sqrt{\frac{2}{l}}\sin\frac{i\pi z}{2l}\mathrm{d}z\int_0^t\frac{z_{\max}\omega^2}{2}\sin(\omega t')\sin[\omega_i(t - t')]\mathrm{d}t'\\
&= \sum_{i=1}^{\infty}\sqrt{\frac{2}{l}}\frac{2l}{i\pi\zeta}\sin\frac{i\pi z}{2l}\sqrt{\frac{2}{l}}\frac{2l}{i\pi}\left(1 - \cos\frac{i\pi}{2}\right)\frac{z_{\max}\omega^2}{2}\left\{\cos\omega_i t\frac{\sin[(\omega + \omega_i)t]}{2(\omega + \omega_i)}\right.\\
&\quad\left. - \cos\omega_i t\frac{\sin[(\omega - \omega_i)t]}{2(\omega - \omega_i)} - \sin\omega_i t\frac{\cos[(\omega - \omega_i)t]}{2(\omega - \omega_i)} - \sin\omega_i t\frac{\cos[(\omega - \omega_i)t]}{2(\omega + \omega_i)}\right\}\\
&= \frac{4z_{\max}\omega^2 l}{\pi^2\zeta}\sum_{i=1}^{\infty}\frac{\left(1 - \cos\dfrac{i\pi}{2}\right)}{i^2}\sin\frac{i\pi z}{2l}\left\{\cos\frac{i\pi\zeta}{2l}t\frac{\sin[(\omega + \omega_i)t]}{2(\omega + \omega_i)}\right.\\
&\quad\left. - \cos\frac{i\pi\zeta}{2l}t\frac{\sin[(\omega - \omega_i)t]}{2(\omega - \omega_i)} - \sin\frac{i\pi\zeta}{2l}t\frac{\cos[(\omega - \omega_i)t]}{2(\omega - \omega_i)} - \sin\frac{i\pi\zeta}{2l}t\frac{\cos[(\omega - \omega_i)t]}{2(\omega + \omega_i)}\right\}
\end{aligned}
\tag{4-30}
$$

式中， $\zeta = \sqrt{\dfrac{E}{\rho}}$ ； $\omega_i = \dfrac{i\pi\zeta}{2l}$ ， $i = 1, 2, 3, \cdots$ ； l 为钻柱总长度； $z_{\max}$ 为钻井平台最大升沉运动位移； t 为时间； t' 为下一时刻的时间； ω 为角速度； ω_i 为下一时刻角速度。

2. 钻柱下端振动位移计算

结合图 4-5 中所建立的 Ozy 坐标系，在钻柱下端处的边界条件为 $z = l$ ， $t = \dfrac{l}{\zeta}$ 代入式（4-30）中，由于在式中存在

$$\sum_{i=1}^{\infty} \frac{\left(1-\cos\dfrac{i\pi}{2}\right)}{i^2}\sin\frac{i\pi z}{2l} = \sum_{i=1,3,5,\cdots}^{\infty}\frac{1-0}{i^2}\times 1 = \sum_{i=1,3,5,\cdots}^{\infty}\frac{1}{i^2} = \frac{\pi^2}{8} \tag{4-31}$$

又结合钻柱在振动过程中位移的相对变化量 Δu 的表达式(4-2)、式(4-31)和 $\dot z_1 = \dfrac{\omega z_{\max}}{2}\cos(\omega t)$，可得到钻柱下端最大振动位移 $u_{\max}$ 为

$$u_{\max} = u_1 + \Delta u$$

$$= \frac{z_{\max}}{2}\sin(\omega t) + \frac{4z_{\max}\omega^2 l}{\pi^2 \zeta}\frac{\pi^2}{8}\left\{-\frac{\cos\left[(\omega-\omega_i)\dfrac{l}{\zeta}\right]}{2(\omega-\omega_i)} - \frac{\cos\left[(\omega-\omega_i)\dfrac{l}{\zeta}\right]}{2(\omega+\omega_i)}\right\} \tag{4-32}$$

$$= \frac{z_{\max}}{2}\left(\sin\left(\omega\frac{l}{\zeta}\right) - \frac{\omega^2 l}{\zeta}\left\{\frac{\cos\left[(\omega-\omega_i)\dfrac{l}{\zeta}\right]}{2(\omega-\omega_i)} + \frac{\cos\left[(\omega-\omega_i)\dfrac{l}{\zeta}\right]}{2(\omega+\omega_i)}\right\}\right)$$

由式(4-32)可知，只要已知钻柱的长度 l、材料密度 ρ 和弹性模量 E，同时还有海浪运动的圆频率 ω 和钻井平台最大升沉运动位移 $z_{\max}$，即可依据式(4-32)求出装有升沉补偿装置的浮式钻井平台在升沉运动过程中钻柱下端最大的振动位移。

由于钻井平台在升沉运动过程中，钻柱的振动位移会引起井底钻压发生变化，该钻压变化量 ΔP 可通过使用质量分布法，由求得的钻柱振动位移计算得到，即为

$$\Delta P = K_s u_{\max} \tag{4-33}$$

式中，K_s 为钻柱刚度

$$K_s = \frac{A_{mj}E}{l_s} \tag{4-34}$$

l_s 为钻柱受拉部分的长度；E 为钻柱所用钢的弹性模量。

将式(4-32)和式(4-34)代入到式(4-33)中，即可通过在钻井平台升沉运动影响下的钻柱下端最大振动位移，求得该过程中井底钻压的变化量 ΔP

$$\Delta P = K_s u_{\max}$$

$$= \frac{z_{\max}A_{mj}E}{2l_s}\left(\sin\left(\omega\frac{l}{\zeta}\right) - \frac{\omega^2 l}{\zeta}\left\{\frac{\cos\left[(\omega-\omega_i)\dfrac{l}{\zeta}\right]}{2(\omega-\omega_i)} + \frac{\cos\left[(\omega-\omega_i)\dfrac{l}{\zeta}\right]}{2(\omega+\omega_i)}\right\}\right) \tag{4-35}$$

4.2.3 深水钻完井双层管柱系统动力学分析方法

如前所述，深水测试管柱系统与陆地测试管柱有所不同。在深水段，为了隔离海水的影响，在浮式平台与水下井口之间安装有隔水管系统。隔水管系统随着海洋环境载荷

的作用产生相应的变形。这样在外载荷作用下，隔水管和深水测试管柱之间也会接触、碰撞，影响测试管柱的力学行为。

一般情况下将海流看作是稳态的，而波浪则是动载荷。因此，要进行波浪、海流联合作用下隔水管柱、深水测试管柱的静态分析时，就需要将波浪载荷静力简化，即使用准静态的分析方法。为了能够全面地分析各种因素对深水测试管柱系统力学行为特性的影响，还需要考虑浮式平台的偏移、隔水管顶张力及深水测试典型工况下的外载荷等因素。本节在现有陆地、海洋管柱力学研究的基础上，利用有限元方法建立了深水测试管柱、隔水管柱的双层管柱力学模型，引入虚拟接触载荷方法解决隔水管和测试管柱的接触碰撞，并在 Gauss-Jordan 消去法基础上，采用子结构波前法求解模型。

1. 模型假设

为了方便力学模型的建立，需要对管柱的受力条件进行适当简化处理，本节主要做如下的基本假设(图 4-6、图 4-7)。

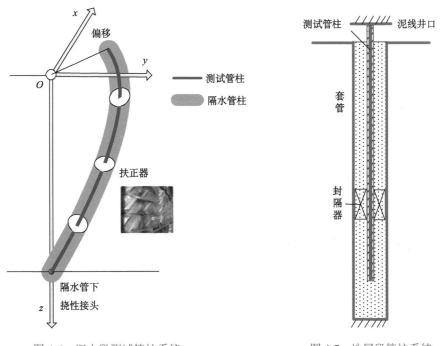

图 4-6 深水段测试管柱系统   图 4-7 地层段管柱系统

1)海水段管柱

(1)隔水管张紧器简化为顶部张紧力。

(2)隔水管、测试管柱为均质、各向同性、线弹性圆管，管段接头与管身具有相同的特性。

(3)浮力块对隔水管刚度没有影响，只提供净浮力作用，并通过修改水力直径考虑浮力块的影响。

(4)隔水管、测试管柱上端与浮式平台相连，作为位移边界考虑。

(5)隔水管上、下挠性接头简化为球铰。

(6)悬挂器坐挂于水下井口时，可简化为固定约束。

(7)忽略泥线附近出泥导管对隔水管的影响。

2)地层段管柱

(1)插管封隔器简化为固定约束。

(2)套管简化为刚性井壁。

2. 模型建立

1)有限元方程建立

(1)单元系数矩阵推导。

深水测试管柱系统为细长柔性梁结构，且根据管柱系统受载特点，采用三维梁单元对深水测试管柱系统进行离散，组成一个多自由度系统。选取固定于平均海平面笛卡儿坐标系为 $Oxyz$ 整体坐标系，并且定义局部坐标系的 x 轴为梁单元的轴向方向，如图 4-8 所示。

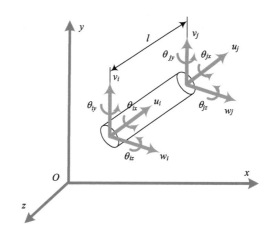

图 4-8　局部单元坐标系

因此，三维梁单元的节点、单元位移可表示为[59,60]

$$\boldsymbol{d}_e = [u_i, \quad v_i, \quad w_i, \quad \theta_{ix}, \quad \theta_{iy}, \quad \theta_{iz}, \quad u_j, \quad v_j, \quad w_j, \quad \theta_{jx}, \quad \theta_{jy}, \quad \theta_{jz}] \tag{4-36}$$

$$\mathrm{disp} = [u, \quad v, \quad w, \quad \theta]^{\mathrm{T}} = N\boldsymbol{d}_e \tag{4-37}$$

根据虚功原理，$\int_{V_e} \delta\{\boldsymbol{\varepsilon}^{\mathrm{T}}\}\{\sigma\}\mathrm{d}V - \delta\{\boldsymbol{d}_e^{\mathrm{T}}\}\{P_e\} = 0$ ，建立梁的平衡方程。其中考虑几何非线性的空间梁单元的几何方程可表示为式(4-38)，其中，第一项为线性项，第二项为非线性部分

$$\varepsilon = \begin{Bmatrix} \varepsilon_x \\ \varepsilon_{by} \\ \varepsilon_{bx} \\ \gamma_x \end{Bmatrix} = \begin{Bmatrix} \dfrac{\mathrm{d}u}{\mathrm{d}x} + \dfrac{1}{2}\left(\dfrac{\mathrm{d}u}{\mathrm{d}x}\right)^2 + \dfrac{1}{2}\left(\dfrac{\mathrm{d}v}{\mathrm{d}x}\right)^2 + \dfrac{1}{2}\left(\dfrac{\mathrm{d}w}{\mathrm{d}x}\right)^2 \\ y\dfrac{\mathrm{d}v}{\mathrm{d}x^2} \\ -z\dfrac{\mathrm{d}w}{\mathrm{d}x^2} \\ \rho_R\dfrac{\mathrm{d}\theta}{\mathrm{d}x} \end{Bmatrix} = \begin{Bmatrix} \dfrac{\mathrm{d}u}{\mathrm{d}x} \\ y\dfrac{\mathrm{d}v}{\mathrm{d}x^2} \\ -z\dfrac{\mathrm{d}w}{\mathrm{d}x^2} \\ \rho_R\dfrac{\mathrm{d}\theta}{\mathrm{d}x} \end{Bmatrix}$$

$$+ \begin{Bmatrix} \dfrac{1}{2}\left(\dfrac{\mathrm{d}u}{\mathrm{d}x}\right)^2 + \dfrac{1}{2}\left(\dfrac{\mathrm{d}v}{\mathrm{d}x}\right)^2 + \dfrac{1}{2}\left(\dfrac{\mathrm{d}w}{\mathrm{d}x}\right)^2 \\ 0 \\ 0 \\ 0 \end{Bmatrix} \tag{4-38}$$

式是，ρ_R 为材料密度。又 $\delta\boldsymbol{\varepsilon} = [B]\delta\{d_e\}$，则

$$\int_{V_e} [B]^{\mathrm{T}} \{\sigma\} \mathrm{d}V - \{P_e\} = 0 \tag{4-39}$$

式中，V_e 为管柱体积；P_e 为管柱所受载荷。应变矩阵可表示为

$$[B] = [B_L] + [B_{NL1}] + [B_{NL2}] + [B_{NL3}] \tag{4-40}$$

其中，$[B_L]$ 为线性应变矩阵；$[B_{NL1}]$、$[B_{NL2}]$、$[B_{NL3}]$ 分别为由位移 u、v、w 引起的非线性应变矩阵。

本节研究的隔水管、测试管柱的双层管柱模型属大位移小变形问题，梁单元的物理关系遵循广义胡克定律：$\sigma = D\varepsilon$，其中[77]

$$D = \begin{Bmatrix} 1 & \dfrac{\mu}{1-\mu} & \dfrac{\mu}{1-\mu} & 0 & 0 & 0 \\ \dfrac{\mu}{1-\mu} & 1 & \dfrac{\mu}{1-\mu} & 0 & 0 & 0 \\ \dfrac{\mu}{1-\mu} & \dfrac{\mu}{1-\mu} & 1 & 0 & 0 & 0 \\ 0 & 0 & 0 & \dfrac{1-2\mu}{2(1-\mu)} & 0 & 0 \\ 0 & 0 & 0 & 0 & \dfrac{1-2\mu}{2(1-\mu)} & 0 \\ 0 & 0 & 0 & 0 & 0 & \dfrac{1-2\mu}{2(1-\mu)} \end{Bmatrix} \tag{4-41}$$

对式 (4-41) 进行变分可得：$\displaystyle\int_{V_e} \delta[B]^{\mathrm{T}}\{\sigma\}\mathrm{d}V + \int_{V_e}[B]^{\mathrm{T}}\delta\{\sigma\}\mathrm{d}V = \delta\{P_e\}$，不考虑初应力，则可得到 $\displaystyle\int_{V_e}[B]^{\mathrm{T}}[D][B]\mathrm{d}V \cdot \delta\{d_e\} = \delta\{P_e\}$，则梁单元的平衡方程为

$$[K_e] \cdot \delta\{d_e\} = \delta\{P_e\} \tag{4-42}$$

式中

$$[K_e] = [K_L] + [K_{NL}] = \int_{V_e} [B]^T [D][B] \mathrm{d}V \tag{4-43}$$

线性部分的刚度矩阵

$$[K_L] = \int_{V_e} [B_L]^T [D][B_L] \mathrm{d}V \tag{4-44}$$

非线性部分的刚度矩阵

$$[K_{NL}] = [K_{NL1}] + [K_{NL2}] + [K_{NL3}] + [K_{NL4}] \tag{4-45}$$

$$[K_{NL1}] = \int_{V_e} \left([B_L]^T [D][B_{NL2}] + [B_{NL2}]^T [D][B_L] + [B_{NL2}]^T [D][B_{NL2}] \right)\mathrm{d}V \tag{4-46}$$

$$[K_{NL2}] = \int_{V_e} \left([B_L]^T [D][B_{NL3}] + [B_{NL3}]^T [D][B_L] + [B_{NL3}]^T [D][B_{NL3}] \right)\mathrm{d}V \tag{4-47}$$

$$[K_{NL3}] = \int_{V_e} \left([B_{NL2}]^T [D][B_{NL3}] + [B_{NL3}]^T [D][B_{NL2}] \right)\mathrm{d}V \tag{4-48}$$

$$[K_{NL4}] = \int_{V_e} \begin{pmatrix} [B_L]^T [D][B_{NL1}] + [B_{NL1}]^T [D][B_L] + [B_{NL1}]^T [D][B_{NL1}] + \\ [B_{NL1}]^T [D][B_{NL2}] + [B_{NL2}]^T [D][B_{NL1}] + [B_{NL1}]^T [D][B_{NL3}] \\ + [B_{NL3}]^T [D][B_{NL1}] \end{pmatrix} \mathrm{d}V \tag{4-49}$$

式中，$[K_{NL1}]$ 为弯曲刚度矩阵；$[K_{NL2}]$ 为 u 方向几何刚度矩阵；$[K_{NL3}]$ 为 v 方向几何刚度矩阵；$[K_{NL4}]$ 为 ω 转动方向几何刚度矩阵。

根据材料力学理论，梁单元的轴向位移、扭转均可表示为坐标的一次函数，而挠度则为三次多项式，采用拉格朗日插值，其位移模式为[78]

$$\begin{cases} u = a_1 + a_2 x \\ v = a_3 + a_4 x + a_5 x^2 + a_6 x^3 \\ w = a_7 + a_8 x + a_9 x^2 + a_{10} x^3 \\ \theta = a_{11} + a_{12} x \end{cases} \tag{4-50}$$

带入单元边界位移条件，可得

$$\begin{bmatrix} u \\ v \\ w \\ \theta \end{bmatrix} = \begin{bmatrix} N_u \\ N_v \\ N_w \\ N_\theta \end{bmatrix} [A]\{d_e\} \tag{4-51}$$

且

$$\begin{cases} N_u = [1,\ 0,\ 0,\ 0,\ 0,\ 0,\ x,\ 0,\ 0,\ 0,\ 0,\ 0] \\ N_v = [0,\ 1,\ 0,\ 0,\ 0,\ x,\ 0,\ x^2,\ 0,\ 0,\ 0,\ x^3] \\ N_w = [0,\ 0,\ 1,\ 0,\ x,\ 0,\ 0,\ 0,\ x^2,\ 0,\ x^3,\ 0] \\ N_u = [0,\ 0,\ 0,\ 1,\ 0,\ 0,\ 0,\ 0,\ 0,\ x,\ 0,\ 0] \end{cases} \tag{4-52}$$

$$A = \begin{bmatrix}
l^3 & 0 & 0 & 0 & 0 & 0 & 0 & 0 & 0 & 0 & 0 & 0 \\
0 & l^3 & 0 & 0 & 0 & 0 & 0 & 0 & 0 & 0 & 0 & 0 \\
0 & 0 & l^3 & 0 & 0 & 0 & 0 & 0 & 0 & 0 & 0 & 0 \\
0 & 0 & 0 & l^3 & 0 & 0 & 0 & 0 & 0 & 0 & 0 & 0 \\
0 & 0 & 0 & 0 & -l^3 & 0 & 0 & 0 & 0 & 0 & 0 & 0 \\
0 & 0 & 0 & 0 & 0 & l^3 & 0 & 0 & 0 & 0 & 0 & 0 \\
-l^2 & 0 & 0 & 0 & 0 & 0 & l^2 & 0 & 0 & 0 & 0 & 0 \\
0 & -3l & 0 & 0 & 0 & -2l^2 & 0 & 3l & 0 & 0 & 0 & -l^2 \\
0 & 0 & -3l & 0 & 2l^2 & 0 & 0 & 0 & 3l & 0 & l^2 & 0 \\
0 & 0 & 0 & -l^2 & 0 & 0 & 0 & 0 & 0 & l^2 & 0 & 0 \\
0 & 0 & 2 & 0 & -l & 0 & 0 & 0 & -2 & 0 & -l & 0 \\
0 & 2 & 0 & 0 & 0 & l & 0 & -2 & 0 & 0 & 0 & l
\end{bmatrix} \frac{1}{l^3} \tag{4-53}$$

将式 (4-52)、式 (4-53) 代入 A，可得到 $[B]$，进而可求得线性刚度矩阵为

$$[K_{\mathrm{L}}] = \begin{bmatrix}
\frac{EA}{l} & 0 & 0 & 0 & 0 & 0 & \frac{-EA}{l} & 0 & 0 & 0 & 0 & 0 \\
0 & \frac{12EI_z}{l^3} & 0 & 0 & 0 & \frac{6EI_z}{l^2} & 0 & \frac{-12EI_z}{l^3} & 0 & 0 & 0 & \frac{6EI_z}{l^2} \\
0 & 0 & \frac{12EI_y}{l^3} & 0 & \frac{-6EI_y}{l^2} & 0 & 0 & 0 & \frac{-12EI_y}{l^3} & 0 & \frac{-6EI_y}{l^2} & 0 \\
0 & 0 & 0 & \frac{GJ_\rho}{L} & 0 & 0 & 0 & 0 & 0 & \frac{-GI_z}{l} & 0 & 0 \\
0 & 0 & \frac{-6EI_y}{l^2} & 0 & \frac{4EI_y}{l} & 0 & 0 & 0 & \frac{6EI_y}{l^2} & 0 & \frac{2EI_y}{l} & 0 \\
0 & \frac{6EI_z}{l^2} & 0 & 0 & 0 & \frac{4EI_z}{l} & 0 & \frac{-6EI_z}{l^2} & 0 & 0 & 0 & \frac{2EI_z}{l} \\
\frac{-EA}{l} & 0 & 0 & 0 & 0 & 0 & \frac{EA}{l} & 0 & 0 & 0 & 0 & 0 \\
0 & \frac{-12EI_z}{l^3} & 0 & 0 & 0 & \frac{-6EI_z}{l^2} & 0 & \frac{12EI_z}{l^3} & 0 & 0 & 0 & \frac{-6EI_z}{l^2} \\
0 & 0 & \frac{-12EI_y}{l^3} & 0 & \frac{6EI_y}{l^2} & 0 & 0 & 0 & \frac{12EI_y}{l^3} & 0 & \frac{6EI_y}{L^2} & 0 \\
0 & 0 & 0 & \frac{-GJ_\rho}{l} & 0 & 0 & 0 & 0 & 0 & \frac{GJ_\rho}{l} & 0 & 0 \\
0 & \frac{-6EI_y}{l^2} & 0 & 0 & \frac{2EI_y}{l} & 0 & 0 & 0 & \frac{6EI_y}{l^2} & 0 & \frac{4EI_y}{L} & 0 \\
0 & \frac{6EI_z}{l^2} & 0 & 0 & 0 & \frac{2EI_z}{l} & 0 & \frac{-6EI_z}{l^2} & 0 & 0 & 0 & \frac{4EI_z}{L}
\end{bmatrix}$$

$$\tag{4-54}$$

式中，E、G 分别是梁材料的弹性模量和剪切模量；I_y 是梁截面对 y 轴的惯性矩；I_z 是梁截面对 z 轴的惯性矩；J_ρ 是梁截面对 x 轴的扭转惯性矩。

大位移刚度矩阵为 $[K_{\mathrm{NL}}] = [K_{\mathrm{NL1}}] + [K_{\mathrm{NL2}}] + [K_{\mathrm{NL3}}] + [K_{\mathrm{NL4}}]$，且令 $\Delta u = u_i - u_j$；$\Delta v = v_i - v_j$；$\Delta \omega = \omega_i - \omega_j$；$y$ 方向转角差 $\Delta \varphi_y = \varphi_{iy} - \varphi_{jy}$（$\varphi_{iy}$ 和 φ_{jy} 分别为 i 节点和 j 节点 y 方向的转角）；$\Delta \varphi_z = \varphi_{iz} - \varphi_{jz}$；$\varphi_1 = \varphi_{iy} + \varphi_{jy}$；$\varphi_2 = \varphi_{iz} + \varphi_{jz}$

$$[K_{\text{NL1}}] = EA \begin{bmatrix} 0 \\ k_{21} & k_{22} \\ 0 & 0 & 0 \\ 0 & 0 & 0 & 0 \\ 0 & 0 & 0 & 0 & 0 & & & & \text{对称} \\ k_{61} & k_{62} & 0 & 0 & 0 & k_{66} \\ 0 & -k_{21} & 0 & 0 & 0 & -k_{61} & 0 \\ -k_{21} & -k_{22} & 0 & 0 & 0 & -k_{62} & -k_{21} & k_{22} \\ 0 & 0 & 0 & 0 & 0 & 0 & 0 & 0 & 0 \\ 0 & 0 & 0 & 0 & 0 & 0 & 0 & 0 & 0 & 0 \\ 0 & 0 & 0 & 0 & 0 & 0 & 0 & 0 & 0 & 0 & 0 \\ k_{12,1} & k_{12,2} & 0 & 0 & 0 & k_{12,6} & -k_{12,1} & -k_{12,2} & 0 & 0 & 0 & k_{12,12} \end{bmatrix} \tag{4-55}$$

其中

$$k_{21} = -(12\Delta v + l\varphi_2)/(10l^2)$$

$$k_{61} = -(3\Delta v + 4l\varphi_{iz} - l\varphi_{jz})/(30l)$$

$$k_{12,1} = -(3\Delta v - l\varphi_{iz} + 4l\varphi_{jz})/(30l)$$

$$k_{22} = (72\Delta v^2 + 3l^2\varphi_{iz}^2 + 3l^2\varphi_{jz}^2)/(35l^3) + 18\Delta v\varphi_2/(35l^2)$$

$$k_{62} = (9\Delta v^2 + 6l\Delta v\varphi_{iz})/(35l^2) - (\Delta\varphi_z^2 - 2\varphi_{jz}^2)/140$$

$$k_{12,2} = (9\Delta v^2 + 6l\Delta v\varphi_{jz})/(35l^2) - (\Delta\varphi_z^2 - 2\varphi_{jz}^2)/140$$

$$k_{66} = 3\Delta v^2/(35l) - \Delta v\Delta\varphi_z/70 + 2l\varphi_{iz}^2/35 + l\varphi_{jz}^2/210 - l\varphi_{iz}\varphi_{jz}/70$$

$$k_{12,6} = \Delta v\varphi_2/70 - l(\varphi_{iz}^2 + \varphi_{jz}^2)/140 + l\varphi_{iz}\varphi_{jz}/105$$

$$k_{12,12} = 3\Delta v^2/(35l) + \Delta v\Delta\varphi_z/70 + l\varphi_{iz}^2/210 + 2l\varphi_{jz}^2/35 - l\varphi_{iz}\varphi_{jz}/70$$

$$[K_{\text{NL2}}] = EA \begin{bmatrix} 0 \\ 0 & 0 \\ k_{31} & 0 & k_{33} \\ 0 & 0 & 0 & 0 & & & & & \text{对称} \\ k_{51} & 0 & k_{53} & 0 & k_{55} \\ 0 & 0 & 0 & 0 & 0 & 0 \\ 0 & 0 & -k_{31} & 0 & -k_{51} & 0 & 0 \\ 0 & 0 & 0 & 0 & 0 & 0 & 0 & 0 \\ -k_{31} & 0 & -k_{33} & 0 & -k_{53} & 0 & -k_{31} & 0 & k_{33} \\ 0 & 0 & 0 & 0 & 0 & 0 & 0 & 0 & 0 & 0 \\ k_{11,1} & 0 & k_{11,3} & 0 & k_{11,5} & 0 & -k_{11,1} & 0 & -k_{11,3} & 0 & k_{11,11} \\ 0 & 0 & 0 & 0 & 0 & 0 & 0 & 0 & 0 & 0 & 0 & 0 \end{bmatrix} \tag{4-56}$$

将$[K_{\text{NL1}}]$中各元素变量代换可得到$[K_{\text{NL2}}]$，即$-\omega_i$、$-\omega_j$、φ_{yi}及φ_{yj}分别替代v_i、v_j、φ_{zi}及φ_{zj}。并且矩阵$[K_{\text{NL2}}]$中的k_{31}、k_{51}、$k_{11,1}$、k_{33}、k_{53}、$k_{11,3}$、k_{55}、$k_{11,5}$及$k_{11,11}$分

别对应$[K_{NL1}]$中的k_{21}、k_{61}、$k_{12,1}$、k_{22}、k_{62}、$k_{12,2}$、k_{66}、$k_{12,6}$、$k_{12,12}$。

$$[K_{NL3}] = EA \begin{bmatrix} 0 \\ 0 & 0 \\ 0 & k_{32} & 0 \\ 0 & 0 & 0 & 0 \\ 0 & k_{52} & 0 & 0 & 0 & & & & \text{对称} \\ 0 & 0 & -k_{52} & 0 & k_{65} & 0 \\ 0 & 0 & 0 & 0 & 0 & 0 & 0 \\ 0 & 0 & -k_{32} & 0 & -k_{52} & 0 & 0 & 0 \\ 0 & -k_{32} & 0 & 0 & 0 & k_{52} & 0 & k_{32} & 0 \\ 0 & 0 & 0 & 0 & 0 & 0 & 0 & 0 & 0 & 0 \\ 0 & k_{11,2} & 0 & 0 & 0 & k_{12,5} & 0 & -k_{11,2} & 0 & 0 & 0 \\ 0 & 0 & -k_{11,2} & 0 & k_{12,5} & 0 & 0 & 0 & k_{11,2} & 0 & k_{12,11} & 0 \end{bmatrix} \tag{4-57}$$

式中

$$k_{32} = (72\Delta v\Delta\omega - 9l\Delta v\varphi_1 + 9l\Delta\omega\varphi_2 - 3l^2\varphi_3)/(35l^3)$$

$$k_{52} = -3(3\Delta v\Delta\omega + l\Delta\omega\varphi_{iz} - l\Delta v\varphi_{iy})/(35l^2) - (\varphi_4 - \varphi_5)/140$$

$$k_{11,2} = -3(3\Delta v\Delta\omega + l\Delta\omega\varphi_{jz} - l\Delta v\varphi_{jy})/(35l^2) - (\varphi_4 - \varphi_5)/140$$

$$k_{65} = -3\Delta v\Delta\omega/(35l) - (\Delta v\Delta\varphi_y - \Delta\omega\Delta\varphi_z)/140 - l\varphi_5/140 + 2l\varphi_{iy}\varphi_{iz}/35 + l\varphi_{jy}\varphi_{jz}/210$$

$$k_{12,5} = (\Delta v\varphi_1 - \Delta\omega\varphi_2 + l\varphi_3)/140 + l\varphi_5/210$$

$$k_{12,11} = -3\Delta v\Delta\omega/(35l) + (\Delta v\Delta\varphi_y - \Delta\omega\Delta\varphi_z - l\varphi_5)/140 + 2l\varphi_{jy}\varphi_{jz}/35 + l\varphi_{iz}\varphi_{iy}/210$$

且$\varphi_3 = \varphi_{iy}\varphi_{iz} + \varphi_{jy}\varphi_{jz}$，　$\varphi_4 = \varphi_{iy}\varphi_{iz} - \varphi_{jy}\varphi_{jz}$，　$\varphi_5 = \varphi_{iy}\varphi_{jz} + \varphi_{iz}\varphi_{jy}$。

$$[K_{NL4}] = EA \begin{bmatrix} k_{11} \\ k_{21} & 0 \\ k_{31} & 0 & 0 & & & & & \text{对称} \\ 0 & 0 & 0 & 0 \\ k_{51} & 0 & 0 & 0 & 0 \\ k_{61} & 0 & 0 & 0 & 0 & 0 \\ -k_{11} & -k_{21} & -k_{31} & 0 & -k_{51} & -k_{61} & k_{11} \\ -k_{21} & 0 & 0 & 0 & 0 & 0 & k_{21} & 0 \\ -k_{31} & 0 & 0 & 0 & 0 & 0 & k_{31} & 0 & 0 \\ 0 & 0 & 0 & 0 & 0 & 0 & 0 & 0 & 0 & 0 \\ k_{11,1} & 0 & 0 & 0 & 0 & 0 & -k_{11,1} & 0 & 0 & 0 & 0 \\ k_{12,1} & 0 & 0 & 0 & 0 & 0 & -k_{12,1} & 0 & 0 & 0 & 0 & 0 \end{bmatrix} \tag{4-58}$$

式中

$$k_{11} = -2\Delta u/l^2 + \Delta u^2/l^3$$

$$k_{21} = 6\Delta u\Delta v/(5l^3) + \Delta u\varphi_2/(10l^2)$$

$$k_{31} = 6\Delta u\Delta\omega / (5l^3) - \Delta u\varphi_1 / (10l^2)$$

$$k_{51} = -\Delta u\Delta\omega / (10l^2) + 2\Delta u\varphi_{iy} / (15l) - \Delta u\varphi_{jy} / (30l)$$

$$k_{61} = \Delta u\Delta v / (10l^2) + 2\Delta u\varphi_{iz} / (15l) - \Delta u\varphi_{jz} / (30l)$$

$$k_{11,1} = -\Delta u\Delta\omega / (10l^2) - \Delta u\varphi_{iy} / (30l) + 2\Delta u\varphi_{jy} / (15l)$$

$$k_{12,1} = \Delta u\Delta v / (10l^2) - \Delta u\varphi_{iz} / (30l) + \Delta u\varphi_{jz} / (15l)$$

(2)坐标转换。

总体坐标系为 $OXYZ$，三维梁单元 ij 的单元坐标系为 xyz，i、j 节点在 $OXYZ$ 坐标系的坐标可表示为 (x_i, y_i, z_i)，(x_j, y_j, z_j)，且三个坐标轴在 $OXYZ$ 中的方向余弦为

$$l_1 = \cos(X, x), \quad m_1 = \cos(Y, x), \quad n_1 = \cos(Z, x)$$
$$l_2 = \cos(X, y), \quad m_2 = \cos(Y, y), \quad n_2 = \cos(Z, y) \tag{4-59}$$
$$l_3 = \cos(X, z), \quad m_3 = \cos(Y, z), \quad n_3 = \cos(Z, z)$$

则单元坐标系与总体坐标系间的位移关系为

$$\begin{Bmatrix} u_{ix} \\ v_{iy} \\ w_{iz} \end{Bmatrix} = \begin{bmatrix} l_1 & m_1 & n_1 \\ l_2 & m_2 & n_2 \\ l_3 & m_3 & n_3 \end{bmatrix} \begin{Bmatrix} u_{iX} \\ v_{iY} \\ w_{iZ} \end{Bmatrix} \qquad \begin{Bmatrix} \theta_{ix} \\ \theta_{iy} \\ \theta_{iz} \end{Bmatrix} = \begin{bmatrix} l_1 & m_1 & n_1 \\ l_2 & m_2 & n_2 \\ l_3 & m_3 & n_3 \end{bmatrix} \begin{Bmatrix} \theta_{iX} \\ \theta_{iY} \\ \theta_{iZ} \end{Bmatrix} \tag{4-60}$$

记 $\boldsymbol{\Omega} = \begin{bmatrix} l_1 & m_1 & n_1 \\ l_2 & m_2 & n_2 \\ l_3 & m_3 & n_3 \end{bmatrix}$，则对于三维梁单元局部坐标系与总体坐标系之间的转换矩阵可表示为

$$\boldsymbol{\Theta} = \begin{bmatrix} \boldsymbol{\Omega} & & & \\ & \boldsymbol{\Omega} & & \\ & & \boldsymbol{\Omega} & \\ & & & \boldsymbol{\Omega} \end{bmatrix} \tag{4-61}$$

2)边界条件简化及处理

图 4-9 为海水段测试管柱结构，据此进行海水段测试管柱的边界条件的分析。

(1)隔水管柱与水下井口通过下球接头连接，因此可将其简化为铰链支座，并且具有一定的旋转刚度；同样上球接头简化为铰链支座，且具有旋转刚度，如图 4-10、图 4-11 所示。

(2)水下井口防喷器组由于刚度远远大于隔水管段，因此可将其简化为刚体处理。

(3)如图 4-12 所示为转喷器，在深水测试工程中处于完全打开状态，因此不予考虑。

(4)浮式平台位移边界。

浮式平台在海洋环境载荷作用下，水平运动一般包括平均钻井船偏移、长期慢漂运动，以及钻井船对不规则波浪的瞬时响应三者的叠加[79]，如下所示：

$$S(t) = S_0 + S_L \sin\left(\frac{2\pi t}{T_L} - a_L\right) + \sum_{n=1}^{N} S_n \cos(k_n x - \omega_n t + \varphi_n + a_n) \tag{4-62}$$

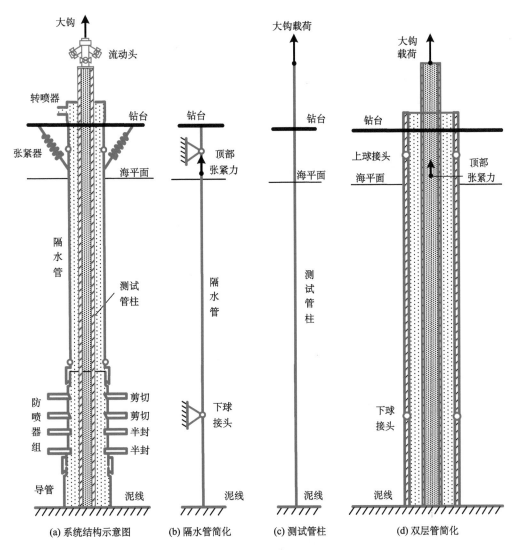

图 4-9 深水段测试管柱系统力学模型简化

图 4-10 下球接头

图 4-11　上球接头现场应用　　　　　　　　　图 4-12　转喷器

式中，$S(t)$ 为钻井船运动响应，为时间 t 的函数；S_n 为第 n 个组成波的波幅；S_0 为平均钻井船偏移，取决于水深、钻井液质量、隔水管张力水平、海流、波浪，以及应力水平和底部挠性接头转角等操作要求，其值常取为水深的某个百分比；S_L 为钻井船慢漂的单边幅值；T_L 为钻井船慢漂运动的周期；a_L 为慢漂运动与波浪之间的相位差（其值常取为 0）。

钻井船长期慢漂运动表示为

$$S_L\sin\left(\frac{2\pi t}{T_L}-a_L\right) \tag{4-63}$$

在进行深水测试管柱系统准静力学分析时，边界条件主要是浮式平台的平均偏移。主要以水深的百分比来表示，其偏移量可分别取水深 2%、3%、4%、5%等。

(5)测试管柱悬挂器做挂后及封隔器坐封后可简化为固定约束，因此，可以将深水测试管柱系统上端边界条件定义为

$$\begin{cases} u_x = (2\% \sim 5\%)h\sin\overline{\varphi} \\ u_y = (2\% \sim 5\%)h\cos\overline{\varphi} \end{cases} \tag{4-64}$$

泥线井口边界条件为

对于隔水管

$$u_x = u_y = u_z = 0 \tag{4-65}$$

对于测试管柱

$$\begin{cases} 悬挂器坐挂：u_x = u_y = u_z = \theta_x = \theta_y \\ 封隔器坐封：u_x = u_y = u_z = \theta_x = \theta_y \end{cases} \tag{4-66}$$

3. 深水测试管柱系统外载荷分析

为了更好地与深水测试实践紧密结合，根据前述对深水测试工艺及载荷的分析，确定深水测试典型工况及载荷，如表 4-1 所示。由于测试管柱下入完毕后，需要在泥线井口通过悬挂器坐挂在水下井口上，同时由于海水段和地层段管柱系统所受载荷的特点，在射孔、测试及关井阶段可将深水测试管柱系统分为海水段和地层段管柱系统进行研究。

表 4-1　深水测试典型工况及外载荷

外载荷	计算工况				
	起/下管柱	坐封/解封	射孔	测试	关井
浮重/重力	✓	✓	✓	✓	✓
波流力	✓	✓		✓	✓
张紧力	✓	✓		✓	✓
大钩载荷	✓	✓		✓	✓
黏滞摩阻	✓			✓	
射孔冲击			✓		
关井压力					✓
管柱内压	✓	✓	✓	✓	✓
管柱外压	✓	✓	✓	✓	✓
坐封力		✓			
解封力		✓			
备注	全管柱分析			可分段	

4.2.4　深水钻完井双层管柱接触模型

深水测试中，隔水管柱在海洋环境载荷作用下与测试管柱的接触碰撞是客观存在的现象，同时地层段管柱在射孔作业载荷、产层流体等作用下同样会与套管发生接触碰撞。接触碰撞对测试管柱下入、起出及测试等作业过程都有不可忽略的影响。陆地油气井管柱与井壁接触碰撞多处理成刚性井壁碰撞[79]，并通过管柱横向位移，采用位移约束的办法描述管柱与井壁的接触碰撞。另外，近几年相关学者[66-70]应用间隙元方法来模拟油管柱、抽油杆的接触。接触位置、状态的不确定性，决定了接触问题是一种非线性问题，多需在系统内部反复迭代寻求最优解，计算效率始终难以改善。相对于陆地管柱系统，隔水管、测试管柱柔性体之间碰撞问题的迭代计算量更加庞大。为此，作者将虚拟接触载荷法引入，以期提高求解测试管柱与隔水管柱接触问题的效率，更好地模拟测试管柱与隔水管的接触边界[15, 61]。

1. 虚拟接触载荷法接触分析模型

虚拟接触载荷方法是以虚拟接触载荷模拟接触区的参数，对接触系统的接触中心施加适当约束，将不连续的接触系统还原成单个接触体的纯边值问题，再由接触区内相对独立的局部处理，确定真实的接触区参数及系统的应力场和位移场[71]。原理简单，实施容易，计算效率能够得到有效提高。

当多个物体在外力作用下发生接触，边界上形成接触区域，区域内存在一定的应力、位移约束条件，从而形成一个整体，具有传递载荷或改变载荷形式的功能。只要保证原有接触区内的应力、位移约束条件不变，接触体系就可以分离成单个物体来考虑，也就是还原成一种纯边值问题。分离后系统与原有接触系统等价，但是已经不存在系统内部的不连续性。对于深水测试管柱，海水段管柱为柔性体接触，地层段管柱为刚性套管与测试管柱接触，虚拟接触载荷方法均适用。

本节将细长的管柱系统离散为空间梁单元，在加载的任意时刻 t 总可以确定一个接触中心，即在 t 时刻的增量区间 $(t, t + \Delta t)$ 内，始终保持接触的点 A 和 B，对之施加一定约束以消除刚体位移。将虚拟接触载荷增量施加在可能的接触区内，模拟接触力分布。当这些虚拟接触载荷能保证原有的应力、位移约束条件不变时，隔水管（或套管）与测试管柱即可以分离，这些载荷即成为真实的接触力。

在 $(t, t + \Delta t)$ 区间内，对隔水管（或套管）或者测试管柱做变形分析。管柱经有限元离散后取一个比真实接触区域大的可能接触区，如图 4-13 所示。对该区域内可能接触的节点 i 施加虚拟接触载荷增量 ΔP_i^c（其中 $i = 1, \cdots, N$，N 为可能接触节点总数），可构成一个虚拟接触载荷增量矩阵 $[\Delta P^c]$，记为

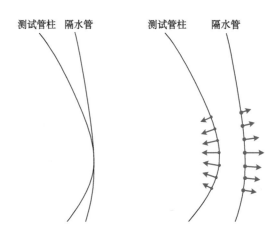

图 4-13　管柱接触碰撞示意图

$$[\Delta \boldsymbol{P}^{c}]^{T} = \begin{bmatrix} \Delta \boldsymbol{P}_1^c \\ \Delta \boldsymbol{P}_2^c \\ \vdots \\ \Delta \boldsymbol{P}_N^c \end{bmatrix} \tag{4-67}$$

由于 $\Delta \boldsymbol{P}_i^c$ 是一个待定矢量，在隔水管(或套管)或者测试管柱内产生的位移、应力需要依赖单位力矢量间接得出。假设单位力矢量产生的位移、应力分别为 $[\Delta \boldsymbol{U}]$、$[\Delta \boldsymbol{\sigma}]$，$[\Delta \boldsymbol{U}_{ij}]$、$[\Delta \boldsymbol{\sigma}_{ij}]$ 分别表示 i 节点单位力矢量在隔水管(或套管)或者测试管柱 j 节点处产生的位移和应力矢量，那么 $[\Delta \boldsymbol{P}^c]$ 产生的位移和应力场可表示为 $[\Delta \boldsymbol{U}^c][\Delta \boldsymbol{P}^c]$ 和 $[\Delta \boldsymbol{\sigma}^c][\Delta \boldsymbol{P}^c]$。同理，外载荷增量 $\Delta \boldsymbol{q}$ 产生的位移和应力也可记为向量形式，为 $\{\Delta \boldsymbol{U}\}_{\Delta \bar{q}}$ 和 $\{\Delta \boldsymbol{\sigma}\}_{\Delta \bar{q}}$，则隔水管(或套管)或者测试管柱内的总位移和应力可由向量表示为 $\{\Delta \boldsymbol{U}\}$ 和 $\{\Delta \boldsymbol{\sigma}\}$，即

$$\{\Delta \boldsymbol{U}\} = \{\Delta \boldsymbol{U}\}_{\Delta \bar{q}} + [\Delta \boldsymbol{U}^c][\Delta \boldsymbol{P}^c] \tag{4-68}$$

$$\{\Delta \boldsymbol{\sigma}\} = \{\Delta \boldsymbol{\sigma}\}_{\Delta \bar{q}} + [\Delta \boldsymbol{\sigma}^c][\Delta \boldsymbol{P}^c] \tag{4-69}$$

$[\Delta \boldsymbol{P}^c]$ 确定后，接触区域内的参数也就得到确定，隔水管(或套管)或者测试管柱内的总位移、总应力场增量即可求解得出。

接触边界是影响隔水管、测试管柱变形过程的重要因素，且在每一变形增量步内不一致，那么直接在瞬时构型中讨论待定的接触边界较在初始构型中考虑要方便许多，因此，对于接触采用更新拉格朗日方法分析(U.L 格式)。

在 $(t, t+\Delta t)$ 区间内，虚拟接触载荷增量 $[\Delta \boldsymbol{P}^c]$ 和外载荷增量 $\Delta \boldsymbol{q}$ 构成载荷增量矩阵 $[\Delta \boldsymbol{Q}]$，且各载荷增量相互独立，由于 $[\Delta \boldsymbol{P}^c]$ 待定，以单位力矢量矩阵代替，从而得到增量形式的有限元方程：

$$K_e \cdot [\Delta \boldsymbol{U}] = [\Delta \boldsymbol{Q}] \tag{4-70}$$

2. 接触约束条件

由于采用增量形式求解隔水管(或套管)与测试管柱的接触问题，在 t 时刻之前的变形可通过修正坐标方式进行考虑，而在 $(t, t+\Delta t)$ 区间内接触区的位移约束只与该时刻增量内的位移增量有关。

物体间的接触状态可表示为：光滑、黏滞和摩擦滑动。各接触状态的共同约束条件为：接触面间无法向间隙，法向应力为压应力。对切向的位移和应力的不同约束导致不同的接触状态。一般情况下，物体间的接触处于混合接触状态，即上述接触状态的组合。本节仍采用经典的 Coulomb 摩擦定律，定义隔水管(或套管)与测试管柱的接触状态，即 $\sigma_t = \mu_s \sigma_n$，式中，$\sigma_t$、$\sigma_n$ 分别为切向、法向应力；μ_s 为静摩擦系数。

3. 接触算法分析

在$(t, t + \Delta t)$区间内，依据t时刻的接触状态、接触区形状、外载荷类型及t时刻以前接触区的发展，可选取一个可能的接触区域。假设域内各节点处于适当的接触状态，由界面的接触约束条件可建立一组线性接触方程，解出相应的接触载荷增量$[\Delta \boldsymbol{P}^c]$。再由式(4-38)和式(4-39)求出接触体系的位移、应力场增量，然后求得体系及接触区内的累积应力，再依据接触约束条件逐个检验节点的假设接触状态是否成立。若接触状态有误或本身不是接触点，则需要重新假定节点接触状态，修改接触方程组，重复求解，直到所有节点处于正确的接触状态。

事实上，在$(t, t + \Delta t)$区间内作有限元计算时，是将几何变形的非线性局部化为线性计算的，选取的单元弹性矩阵并不代表单元的真实特征。在线弹性条件下计算出位移增量后导出的相应应力增量与产生相同的位移增量应具有的真实应力场增量是不相同的，

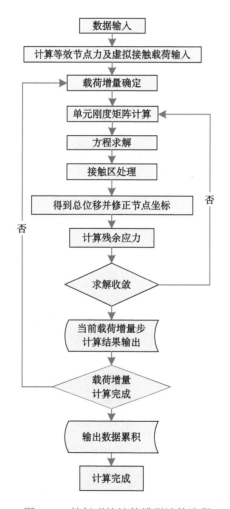

图 4-14　接触碰撞计算模型计算流程

一般将这种应力增量场的差别等效为残余节点力，作为外载荷再次计算。在计算每一次残余节点力作用的位移场时都修改刚度矩阵，修改节点坐标，修改接触区域。经 n 次残余应力计算后，残余应力的模与总载荷的模相比小于某一给定精度时，认为迭代收敛，该载荷增量步计算即完成。累积的物体应力场及接触区参数(接触区的大小、接触区的形状、接触应力分布、接触状态等)即为当前时刻 $t + \Delta t$ 累积外载荷作用下的真实结果，相应的物体形状即为真实变形结果。

在计算每一次残余节点力作用的位移场时，要继续考虑接触区的变化，体现在虚拟接触载荷的分布和大小的变化上。假定在可能接触区域内存在一种接触力误差，是由于每次线性计算所引起的，称之为残余接触力。在每一次迭代计算中，需要将残余节点力与残余接触力作为不同的载荷工况同时计算。依照前述方法，确立残余接触力值，从而修正接触区所有参数。在静态平衡条件下，每次计算中的残余节点力或外载荷增量，均由接触节点维持平衡状态，因为各接触力增量不可能超过他们，随接触区的增大(即接触点增多)，残余接触力对物体的变形影响将越来越小，从而使得每一载荷增量步内的迭代收敛性不会因为接触区的变化而有明显变动，能很好地保证迭代收敛。计算流程如图4-14所示。

4.3　钻完井双层管柱动力学分析

4.3.1　深水隔水管系统动力学分析

根据 LW6-1-1 井实际采用的隔水管配置数据(表 4-2~表 4-6)，使用深水隔水管受力分析软件，计算该井所使用的隔水管的受力情况。

表 4-2　隔水管系统配置

项目	接头名称	数量	单根长度/m	区长度/m	总长度/m
1	海底防喷器组	1	9.16	15.47	15.47
	海底管线总成	1	6.31		
2	0.0191m 厚灰色单根	2	22.86	45.72	61.19
3	0.0254m 厚银色单根	2	22.86	45.72	106.91
4	0.0191m 厚灰色单根	24	22.86	548.64	655.55
5	0.0222m 厚紫色单根	26	22.86	594.36	1249.91
6	0.0222m 厚橙色单根	20	22.86	457.2	1707.11

续表

项目	接头名称	数量	单根长度/m	区长度/m	总长度/m
7	0.0238m 厚蓝色单根	17	22.86	411.48	2118.59
8	填充阀	1	6.1	143.26	2261.85
	0.0254m 光滑单根	6	22.86		
9	普通单根	1	4.572	51.832	2313.682
	伸缩接头	1	34.3		
	普通单根	1	10.67		
	分流伸缩接头	1	2.29		

表 4-3 已下入的隔水管系统明细

序号	管柱名称		长度/m	总长/m	质量/kg	总质量/kg
0	海底防喷器组	1	9.16	9.16	226200	226200
0	底部隔水管总成	1	6.31	15.47	139200	365400
1	0.75in 灰色单根	1	22.86	38.33	2164	367564
2	0.75in 灰色单根	2	22.86	61.19	2164	369728
3	1in 裸单根	1	22.86	84.05	13440	383168
4	1in 裸单根	2	22.86	106.91	13440	396608
5	0.75in 灰色单根	1	22.86	129.77	2164	398772
6	0.75in 灰色单根	2	22.86	152.63	2164	400936
7	0.75in 灰色单根	3	22.86	175.49	2164	403100
8	0.75in 灰色单根	4	22.86	198.35	2164	405264
9	0.75in 灰色单根	5	22.86	221.21	2164	407428
10	0.75in 灰色单根	6	22.86	244.07	2164	409592
11	0.75in 灰色单根	7	22.86	266.93	2164	411756
12	0.75in 灰色单根	8	22.86	289.79	2164	413920
13	0.75in 灰色单根	9	22.86	312.65	2164	416084
14	0.75in 灰色单根	10	22.86	335.51	2164	418248
15	0.75in 灰色单根	11	22.86	358.37	2164	420412
16	0.75in 灰色单根	12	22.86	381.23	2164	422576
17	0.75in 灰色单根	13	22.86	404.09	2164	424740
18	0.75in 灰色单根	14	22.86	426.95	2164	426904
19	0.75in 灰色单根	15	22.86	449.81	2164	429068
20	0.75in 灰色单根	16	22.86	472.67	2164	431232
21	0.75in 灰色单根	17	22.86	495.53	2164	433396
22	0.75in 灰色单根	18	22.86	518.39	2164	435560
23	0.75in 灰色单根	19	22.86	541.25	2164	437724

续表

序号	管柱名称		长度/m	总长/m	质量/kg	总质量/kg
24	0.75in 灰色单根	20	22.86	564.11	2164	439888
25	0.75in 灰色单根	21	22.86	586.97	2164	442052
26	0.75in 灰色单根	22	22.86	609.83	2164	444216
27	0.75in 灰色单根	23	22.86	632.69	2164	446380
28	0.75in 灰色单根	24	22.86	655.55	2164	448544
29	0.875in 紫色单根	1	22.86	678.41	3528	452072
30	0.875in 紫色单根	2	22.86	701.27	3528	455600
31	0.875in 紫色单根	3	22.86	724.13	3528	459128
32	0.875in 紫色单根	4	22.86	746.99	3528	462656
33	0.875in 紫色单根	5	22.86	769.85	3528	466184
34	0.875in 紫色单根	6	22.86	792.71	3528	469712
35	0.875in 紫色单根	7	22.86	815.57	3528	473240
36	0.875in 紫色单根	8	22.86	838.43	3528	476768
37	0.875in 紫色单根	9	22.86	861.29	3528	480296
38	0.875in 紫色单根	10	22.86	884.15	3528	483824
39	0.875in 紫色单根	11	22.86	907.01	3528	487352
40	0.875in 紫色单根	12	22.86	929.87	3528	490880
41	0.875in 紫色单根	13	22.86	952.73	3528	494408
42	0.875in 紫色单根	14	22.86	975.59	3528	497936
43	0.875in 紫色单根	15	22.86	998.45	3528	501464
44	0.875in 紫色单根	16	22.86	1021.31	3528	504992
45	0.875in 紫色单根	17	22.86	1044.17	3528	508520
46	0.875in 紫色单根	18	22.86	1067.03	3528	512048
47	0.875in 紫色单根	19	22.86	1089.89	3528	515576
48	0.875in 紫色单根	20	22.86	1112.75	3528	519104
49	0.875in 紫色单根	21	22.86	1135.61	3528	522632
50	0.875in 紫色单根	22	22.86	1158.47	3528	526160
51	0.875in 紫色单根	23	22.86	1181.33	3528	529688
52	0.875in 紫色单根	24	22.86	1204.19	3528	533216
53	0.875in 紫色单根	25	22.86	1227.05	3528	536744
54	0.875in 紫色单根	26	22.86	1249.91	3528	540272
55	0.875in 橘色单根	1	22.86	1272.77	1660	541932
56	0.875in 橘色单根	2	22.86	1295.63	1660	543592
57	0.875in 橘色单根	3	22.86	1318.49	1660	545252
58	0.875in 橘色单根	4	22.86	1341.35	1660	546912
59	0.875in 橘色单根	5	22.86	1364.21	1660	548572

序号	管柱名称		长度/m	总长/m	质量/kg	总质量/kg
60	0.875in 橘色单根	6	22.86	1387.07	1660	550232
61	0.875in 橘色单根	7	22.86	1409.93	1660	551892
62	0.875in 橘色单根	8	22.86	1432.79	1660	553552
63	0.875in 橘色单根	9	22.86	1455.65	1660	555212
64	0.875in 橘色单根	10	22.86	1478.51	1660	556872
65	0.875in 橘色单根	11	22.86	1501.37	1660	558532
66	0.875in 橘色单根	12	22.86	1524.23	1660	560192
67	0.875in 橘色单根	13	22.86	1547.09	1660	561852
68	0.875in 橘色单根	14	22.86	1569.95	1660	563512
69	0.875in 橘色单根	15	22.86	1592.81	1660	565172
70	0.875in 橘色单根	16	22.86	1615.67	1660	566832
71	0.875in 橘色单根	17	22.86	1638.53	1660	568492
72	0.875in 橘色单根	18	22.86	1661.39	1660	570152
73	0.875in 橘色单根	19	22.86	1684.25	1660	571812
74	0.875in 橘色单根	20	22.86	1707.11	1660	573472
75	0.9375in 蓝色单根	1	22.86	1729.97	330	573802
76	0.9375in 蓝色单根	2	22.86	1752.83	330	574132
77	0.9375in 蓝色单根	3	22.86	1775.69	330	574462
78	0.9375in 蓝色单根	4	22.86	1798.55	330	574792
79	0.9375in 蓝色单根	5	22.86	1821.41	330	575122
80	0.9375in 蓝色单根	6	22.86	1844.27	330	575452
81	0.9375in 蓝色单根	7	22.86	1867.13	330	575782
82	0.9375in 蓝色单根	8	22.86	1889.99	330	576112
83	0.9375in 蓝色单根	9	22.86	1912.85	330	576442
84	0.9375in 蓝色单根	10	22.86	1935.71	330	576772
85	0.9375in 蓝色单根	11	22.86	1958.57	330	577102
86	0.9375in 蓝色单根	12	22.86	1981.43	330	577432
87	0.9375in 蓝色单根	13	22.86	2004.29	330	577762
88	0.9375in 蓝色单根	14	22.86	2027.15	330	578092
89	0.9375in 蓝色单根	15	22.86	2050.01	330	578422
90	0.9375in 蓝色单根	16	22.86	2072.87	330	578752
91	0.9375in 蓝色单根	17	22.86	2095.73	330	579082
92	0.9375in 蓝色单根	18	22.86	2118.59	330	579412
93	20ft 填充阀	1	6.095703	2124.686	6873	586285
94	1in 裸单根	1	22.86	2147.546	13440	599725
95	1in 裸单根	2	22.86	2170.406	13440	613165

续表

序号	管柱名称		长度/m	总长/m	质量/kg	总质量/kg
96	1in 裸单根	3	22.86	2193.266	13440	626605
97	1in 裸单根	4	22.86	2216.126	13440	640045
98	1in 裸单根	5	22.86	2238.986	13440	653485
99	1in 裸单根	6	22.86	2261.846	13440	666925
	15ft 适配短节	1	4.572	2266.418	4467	671392
	伸缩节	1	34.3	2300.718	33000	704392
	短节	1	10.67	2311.388	5890	710282
	上部挠性接头	1	2.29	2313.678	5310	715592

表 4-4　隔水管变形计算基本参数

名称	数值	单位
隔水管总长	2313.68	m
钢材密度	7850	kg/m^3
弹性模量	210000000	kN/m^2
水深	2286	m
海水密度	1025	kg/m^3
海面流速	0.93	m/s
顶部载荷	1	G^*
钻井液密度	1200	kg/m^3
计算段长	30	m
波高	6	m
波浪周期	11.2	s

注：G^* 表示隔水管的浮重。

表 4-5　中国南海正常钻井海洋环境参数

参数	值	单位
波高	6	m
波长	10.2	m
周期	11.2	s

表 4-6　中国南海水力参数

参数	值	单位
阻尼系数(CD)	1.2（水面到 150m 水深） 0.7（150m 水深到海床）	无因次
惯性系数(CM)	2.0（所有深度）	无因次

图 4-15 和图 4-16 是在南海海洋环境和实际隔水管结构情况下，计算出的从上挠曲接头到海床间深水井隔水管的横向位移和弯矩的分布情况，并且模拟了整个隔水管为 0.0222m 直径的紫色单根的横向位移和弯矩的分布，并与实际现场数据进行比较，以研究实际隔水管柱构造对隔水管动力学特性的影响。

如图 4-15 所示，实际模拟的隔水管的横向位移沿着隔水管轴向方向增加，并且在 1172m 的长度处达到最大位移 36.5m。在整个隔水管为 0.0222m 直径的紫色单根的横向位移也沿着隔水管轴向方向增加，并且在 1150 m 处达到最大位移 37.9 m。最大位移位置明显改变，这是因为隔水管的厚度和浮力会直接影响横截面的张力，横截面张力的变化决定了位移的分布。因此，实际的隔水管配置会影响横向位移，通过考虑实际的隔水管的组成来分析隔水管动力特性通常更加有效。

如图 4-16 所示，实际模拟的隔水管，在 2114m 处出现最大弯矩 16.31kN·m。然而，整个隔水管为 0.0222m 直径的紫色单根最大弯矩出现在 2252m 处，最大值为 35.33kN·m。最大弯矩位置的出现与现有几项研究结果一致，因此可以得出结论：隔水管配置也会显著的影响弯矩分布。因为 2283m 至 2114m 的隔水管具有较大的厚度，无浮力，增大厚度会增加隔水管的刚度，而且在这些没有浮力块的区域，隔水管的海洋环境载荷明显地减少。浮力隔水管的内径为 0.5334m，外径为 1.3716m，Morison 方程表明，海洋载荷与隔水管外径成正比。因此，光滑的隔水管可以显著减少海洋环境载荷，从而减少这些区域的变形。

此外，如图 4-17~图 4-19 所示，与不考虑隔水管配置的相比，隔水管弯矩的分布随着隔水管配置的变化而显著变化。在 15m、61m、107m、656m、1250m、1707m、2119m、2262m 这些区域，弯矩明显发生了变化。通常弯矩由横截面的弯曲刚度和张力决定。因此得出结论：隔水管配置通过影响弯曲刚度、横截面张力和海洋环境载荷的分布，对隔水管弯矩的分布产生显著的影响。

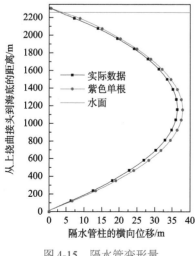

图 4-15　隔水管变形量

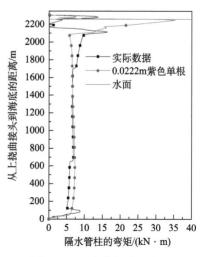

图 4-16　隔水管柱弯矩变化量

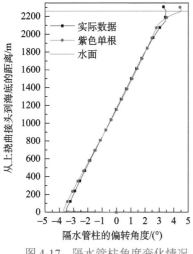

图 4-17 隔水管柱角度变化情况

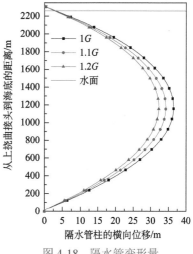

图 4-18 隔水管变形量

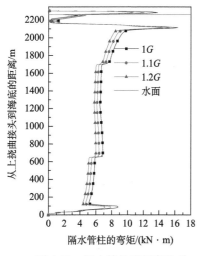

图 4-19 隔水管柱弯矩变化量

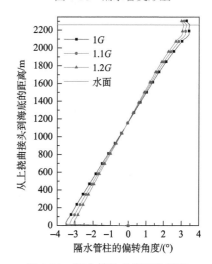

图 4-20 隔水管柱角度变化情况

图 4-18~图 4-20 显示了在 $1G$、$1.1G$ 和 $1.2G$ 顶部张力下,从上挠曲接头到海床,隔水管的横向位移和弯矩的分布。隔水管横向位移和弯矩随隔水管顶部张力的增加而减小,整个隔水管柱的最大弯矩出现在水面下方 150m 左右附近。深水钻井隔水管可以视为简支梁,其自身动力学特性由其最大的张力和刚度决定,增加隔水管顶部张力可以减少隔水管横向位移和弯矩。深水钻井可以通过增加顶部张力来避免在某些危险情况下隔水管产生较大侧向位移和弯矩。然而增加顶部张力会增加隔水管横截面处的张力,如果单元部分的张力过大,可能会降低隔水管接头之间的连接稳定性,进而发生危险。因此,必须根据实际的深水钻井条件和海洋环境来配置顶部张力,从而保护隔水管系统。

此外,钻井平台的位移距离必须控制在一定范围内,否则将会损坏隔水管系统,大型钻井平台漂移可能会破坏井口、防喷器、隔水管和滑动接头。钻井平台的漂移距离可以用水深的百分比表示,如果钻井平台漂移距离超过水深的 1%,则黄色警报警示隔水管系统的断开；如果钻井平台的漂移距离接近水深的 2% 或 3% 以上，则隔水管系统必须强行断开。钻井平台的漂移会大大影响隔水管动力学特性。这里针对钻井平台漂移距离为 0、1%、2% 和 3% 的水深，讨论了钻井平台漂移距离对隔水管动力学特性的影响，相应的钻井平台漂移距离为 0m、23m、45m、68m。结果表明，随着平台的位移，隔水管横向位移和弯矩均显著增加，如图 4-21~图 4-23 所示。图 4-22 表明，从整体上看，从 2040m 到上挠性接头的弯矩随着钻台平台漂移距离的增加而显著增加。此外，水面是海洋环境载荷的边界，在水面以上的隔水管不受海洋环境负荷的直接作用，而在水面以下的隔水管具有直接的海洋环境载荷。因此，在钻井平台漂移时，水面附近出现最大弯矩，随着钻井平台漂移距离的增加，从 2040m 到上挠性接头的隔水管弯矩将明显增大，超过其正常工作范围就有可能导致隔水管的破坏。

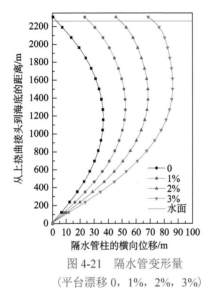

图 4-21　隔水管变形量
（平台漂移 0，1%，2%，3%）

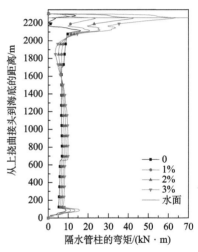

图 4-22　隔水管柱弯矩变化量
（平台漂移 0，1%，2%，3%）

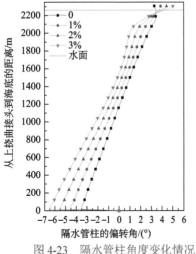

图 4-23　隔水管柱角度变化情况
（平台漂移 0，1%，2%，3%）

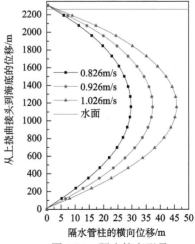

图 4-24　隔水管变形量
（表面流速为 0.826m/s、0.926m/s、1.026m/s）

　　图 4-24~图 4-26 表明了表面流体速度对隔水管横向位移和弯矩分布的影响，隔水管横向位移和弯矩随着表面流体速度的增加而显著增加。Ekman 深海漂流理论[72]指出，水深流速剖面是由表层流速决定的，随着表层速度的增加，当前流速剖面增加。因此，海洋环境负荷增加将会导致隔水管横向位移和弯矩也随着增加。所以，表面流体速度对海洋环境负荷有相当大的影响，在隔水管配置和设计中，表面流体流速是十分关键的参数。

　　图 4-27~图 4-35 示出了不同波浪参数(即波高、周期和波长)对隔水管横向位移和弯矩分布的影响。波浪参数对靠近水面的区域的隔水管动力学特性仅有轻微的影响。靠近水面的弯矩随着波高和波浪周期的增加而增加，如图 4-28 和图 4-31 所示。波长变化

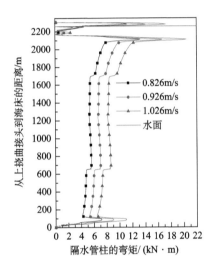

图 4-25　隔水管柱弯矩变化量

(表面流速为 0.826m/s、0.926m/s、1.026m/s)

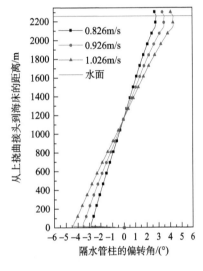

图 4-26　隔水管柱角度变化情况

(表面流速为 0.826m/s、0.926m/s、1.026m/s)

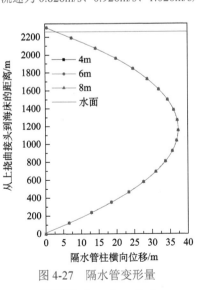

图 4-27　隔水管变形量

(波高为 4m、6m、8m)

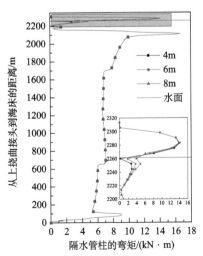

图 4-28　隔水管柱弯矩变化量

(波高为 4m、6m、8m)

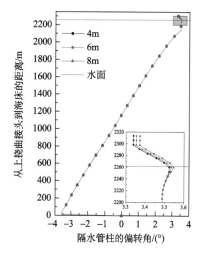

图 4-29　隔水管柱角度变化情况

（波高为 4m、6m、8m）

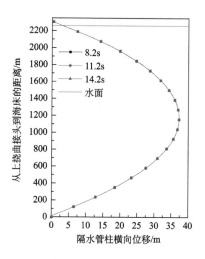

图 4-30　隔水管变形量

（波浪周期为 8.2s、11.2s、14.2s）

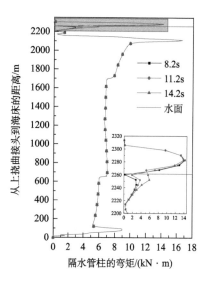

图 4-31　隔水管柱弯矩变化量

（波浪周期为 8.2s、11.2s 和 14.2s）

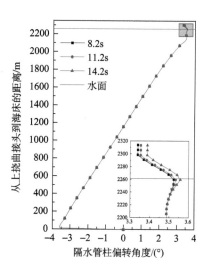

图 4-32　隔水管柱角度变化情况

（波浪周期为 8.2s、11.2s 和 14.2s）

对提升隔水管动力学特性有轻微的影响，但是没有明显的规律性。然而，增加波高和波周期将会增加海水表面的波浪载荷，而增加波长可以减小海水表面波载荷，它只能影响靠近水面的隔水管。因此，理论表明隔水管强度设计中可以忽略波浪载荷对隔水管力学行为的作用。然而，现场试验表明，波浪参数可能会对钻井平台的起伏运动产生显著影响，它会导致挠性接头起伏运动，并对隔水管系统产生影响。

图 4-36~图 4-38 展示了风速对隔水管横向位移和弯矩分布的影响，隔水管横向位移和弯矩随着风速的增加而增加，越接近水面的区域，其趋势愈加明显。风速的增加将会

导致增加表面流体流速增加，从而增加海洋环境载荷，常在隔水管的靠近水面的上方发现风引起的海洋环境负荷。同时，风力负荷也会产生速度较小的风生洋流作用在隔水管上。然而，由于海水的阻尼作用，风的作用深度将会受到一定的限制。因此，风速变化对隔水管横向位移和弯矩分布有较小的影响，相应地，风速对隔水管动力学特性的影响与海流的影响相比要小得多。

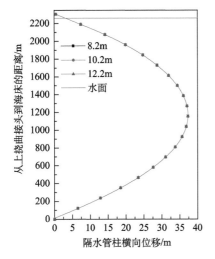

图 4-33　隔水管变形量
（波浪波长为 8.2m、10.2m 和 12.2m）

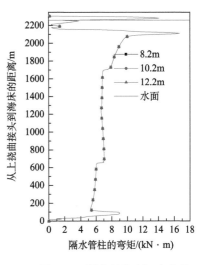

图 4-34　隔水管柱弯矩变化量
（波浪波长为 8.2m、10.2m 和 12.2m）

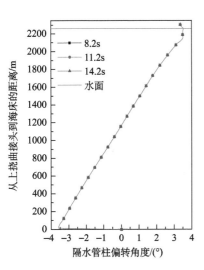

图 4-35　隔水管柱角度变化情况
（波浪波长为 8.2m、10.2m 和 12.2m）

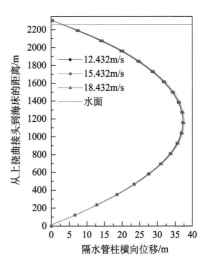

图 4-36　隔水管变形量
（风速为 12.432m/s、15.432m/s 和 18.432m/s）

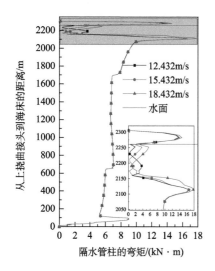

图 4-37 隔水管柱弯矩变化量

（风速为 12.432m/s、15.432m/s 和 18.432m/s）

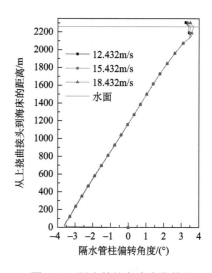

图 4-38 隔水管柱角度变化情况

（风速为 12.432m/s、15.432m/s 和 18.432m/s）

图 4-39~图 4-41 描述了阻尼系数对隔水管横向位移和弯矩分布的影响。随着阻尼系数的增加，隔水管横向位移和弯矩减小，衰减趋势较为显著。阻尼力随着阻尼系数的增加而增加，在高阻尼系数下其对隔水管横向位移和弯矩变化的阻碍作用更为明显，同时在水深越深时，阻尼系数对隔水管弯矩的影响更明显。因此，隔水管横向位移和弯矩随系统阻尼系数的增加而减小。

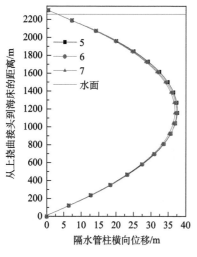

图 4-39 隔水管变形量

（阻尼系数为 5、6 和 7）

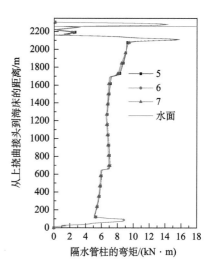

图 4-40 隔水管柱弯矩变化量

（阻尼系数为 5、6 和 7）

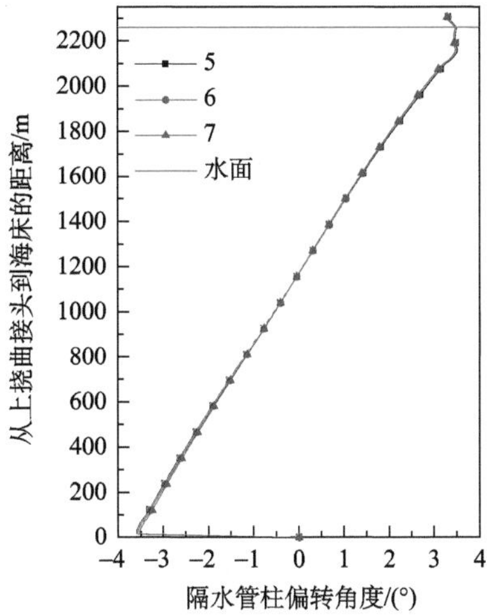

图 4-41 隔水管柱角度变化情况

（阻尼系数为 5、6 和 7）

4.3.2 深水钻柱系统动力学分析

1. 模拟计算参数

以南海某深水钻井平台数据为例，对深水钻井钻机-钻柱-钻头-井底岩石系统动力学进行分析，相关计算参数如下[15, 61, 76]。

1）井眼状况

隔水管尺寸 ϕ533.4mm，水深 1000m，上层套管内径 ϕ244.5mm，当前实际井深 3500m。

2）钻具组合

ϕ215.9mm 钻头×0.25m+ϕ214mm 稳定器×1.69m+ϕ170mm LWD×1.15m+ϕ158.8mm 无磁钻铤×9.15m+ϕ5.33mm MWD×0.25m+ϕ158.8mm 无磁钻铤×18.3m+ϕ2214mm 稳定器×1.6m+ϕ158.8mm 钻铤×9.15m+ϕ214mm 稳定器×18.3m+ϕ1.58mm 稳定器×109.8m+ϕ158.8mm 接头×0.5m+ϕ127mm 加重钻杆×115.2m+ϕ127mm 钻杆至井口。

3）钻进参数

平均钻压 20kN，钻头扭矩 2.5kN·m，转速 60r/min，钻井液密度 1.20g/cm³。

深水钻柱在井眼中的力学环境十分复杂，除了地面设备施加给钻具组合的钻压和扭矩外，还要受到钻井液的浮力、井底岩石对钻头的作用力、钻柱碰撞或摩擦井壁受到的接触力等，这使得钻柱可能发生轴向振动、横向振动和扭转振动及各向振动产生的耦合振动，同时发生能量耗散。

对该深水平台钻具组合在复杂井眼力学环境下进行模拟计算，得到井口轴向载荷、井口扭矩及钻柱不同位置处的旋转角速度，如图 4-42 和图 4-43 所示。

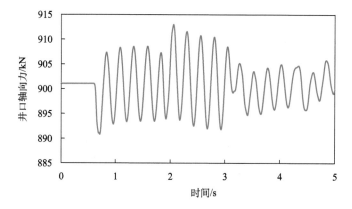

图 4-42 井口轴向力随时间的变化关系

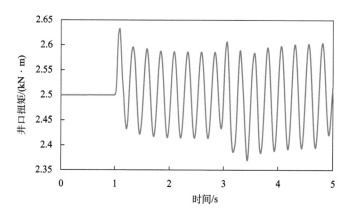

图 4-43 井口扭矩随时间的变化关系

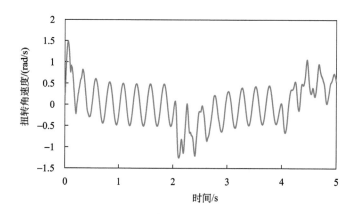

图 4-44 近钻头处钻柱扭转角速度随时间的变化关系

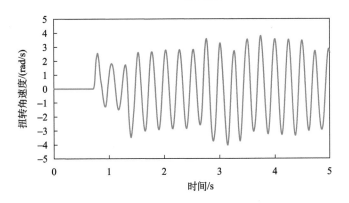

图 4-45　海底防喷器处钻柱扭转角速度随时间的变化关系

由图 4-42~图 4-45 可知，钻柱振动从井底传到井口需要一定时间，井口轴向力波动范围在 890~910kN 范围内波动，井口扭矩在 2.37~2.63kN·m 范围内波动，钻杆扭转角速度范围在近钻头附近和海底防喷器处分别为–1.25~1.48rad/s 和–4.02~3.79rad/s。对比分析两条曲线，近钻头处钻柱的力学环境更为复杂，因此近钻头处扭转振动相较于海底防喷器处规律性更差，同时海底防喷器处的钻柱扭转角速度波动更大。

深水钻井管柱在井下的动力学行为受到多种因素影响，从工程实践的角度分析，分析如海水深度、钻柱结构、钻压和扭矩等人为可控变量更具有实际应用价值[73]。下面分析海水深度、钻具组合、钻压及转速对钻机-钻柱-钻头-井底岩石系统动力影响，选取模型求解中选用的南海深水井，通过改变相应计算参数来分析海水深度、钻具组合、钻压和扭矩对系统动力学的影响。

2. 海水深度对钻柱振动影响

不改变其他条件，分别模拟水深为 500m、750m、1000m、1250m 和 1500m 情况下井口轴向载荷、井口扭矩、近钻头和海底防喷器附近的扭转角速度，如图 4-46~图 4-49 所示。

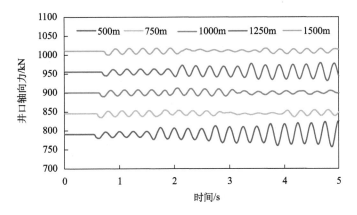

图 4-46　不同水深对井口轴向力的影响

图 4-46 为不同水深情况下井口轴向载荷的变化情况。随着水深的增加，钻柱长度增加，使得振动从井底向井口的传递延迟更为明显，同时在该井计算参数下，水深为 1000m 时，井口轴向力波动最为平缓，当水深为 500m 时，井口轴向力波动最为剧烈，应采取更为有效的减振措施。

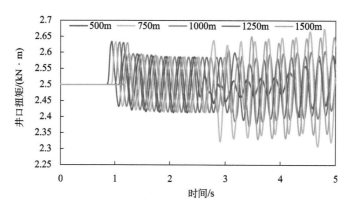

图 4-47 不同水深对井口扭矩的影响

图 4-47 为不同水深情况下井口扭矩的变化情况。振动随着水深的增加同样发生了延迟推后，井口扭矩的波动在水深为 500m 时最为平缓，在水深为 750m 和 1500m 时最为剧烈，应采取更为有效的减振措施。

图 4-48 为不同水深情况下近钻头附近钻柱的扭转角速度变化情况。在振动初期，不同水深对近钻头处钻柱的扭转角速度没有影响，当接近 2s 时，振动开始随着水深发生变化，近钻头处钻柱扭转角速度在水深为 500m 时最为平缓，在水深为 750m 时最为剧烈。因此，当水深在 750m 上下时，在近钻头处应该选用抗扭强度更高的钻铤和井下测量工具，同时应采取更为有效的减振措施。

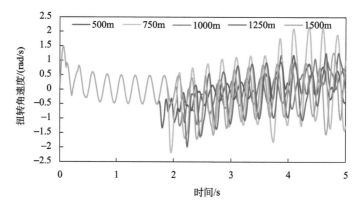

图 4-48 不同水深对近钻头处扭转角速度的影响

图 4-49 为不同水深情况下海底防喷器处钻柱的扭转角速度变化情况。在振动初期，不同水深对海底防喷器处钻柱的扭转角速度没有影响，当 1s 以后，振动开始随着水深发生变化，海底防喷器处钻柱扭转角速度在水深为 500m 时最为平缓，在水深为 1500m 时最为剧烈。因此，当水深在 1500m 上下时，在海底防喷器处应该选用抗扭强度更高的钻杆。

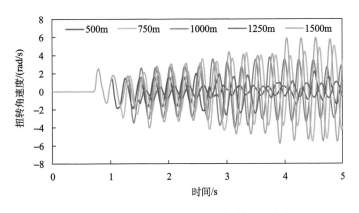

图 4-49 不同水深对海底防喷器处扭转角速度的影响

3. 钻具组合对钻柱振动的影响

钻柱起着传递钻压扭矩并承受反扭的作用，同时钻柱还需要承受不同振动带来的影响，而不同的钻柱结构可能会对钻具组合整体的受力情况产生影响。因此，需要分析钻柱结构对钻柱动力学的影响。

1) 钻铤长度对钻机-钻柱-钻头-井底岩石系统动力分析结果的影响

不改变其他条件，分别模拟钻铤数量为 6 根、12 根、18 根和 24 根情况下井口轴向载荷、井口扭矩、近钻头和海底防喷器附近的扭转角速度，如图 4-50~图 4-53 所示。

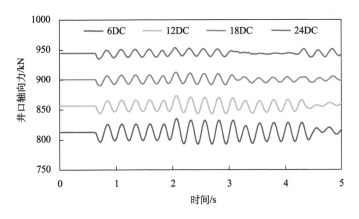

图 4-50 钻铤长度对井口轴向力的影响

DC 表示钻铤

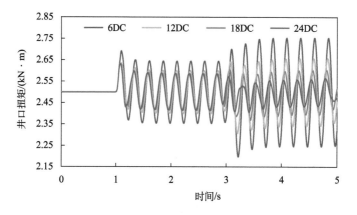

图 4-51 钻铤长度对井口扭矩的影响

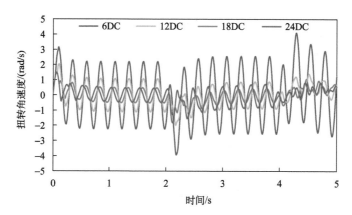

图 4-52 钻铤长度对近钻头处扭转角速度的影响

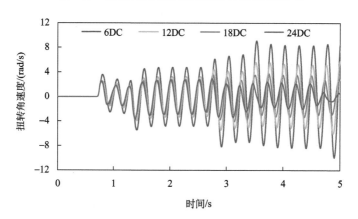

图 4-53 钻铤长度对海底防喷器处扭转角速度的影响

图 4-50 为不同长度钻铤情况下井口轴向载荷的变化情况。随着钻铤长度的增大,井口轴向力相应增大,同时钻铤长度增大使得钻柱整体质量分布下移,增强了钻柱的稳定性,因此井口轴向力的波动相应降低。因此在直井实钻过程中,在控制井口轴向力的前

提下，应适当增大钻铤长度以降低钻柱振动。

图 4-51 为不同长度钻铤情况下井口扭矩的变化情况。钻铤长度增大使得钻柱整体质量分布下移，增强了钻柱的稳定性，因此井口扭矩的波动相应降低。

图 4-52 为不同长度钻铤情况下近钻头附近钻柱的扭转角速度变化情况。钻铤长度增大使得钻柱整体质量分布下移，增强了钻柱的稳定性，因此近钻头处的钻柱扭转角速度波动相应降低，但钻铤数量超过 12 根以后，钻铤长度的增加只会增大轴向载荷，对扭转角速度波动的降低无明显效果，因此对于该计算参数下的井应尽量控制钻铤数量不超过 12 根。

图 4-53 为不同长度钻铤情况下海底防喷器处钻柱的扭转角速度变化情况。钻铤长度增大使得钻柱整体质量分布下移，增强了钻柱的稳定性，因此海底防喷器处的钻柱扭转角速度波动相应降低，但钻铤数量超过 12 根以后，钻铤长度的增加对扭转角速度波动的降低效果减弱。

2) 加重钻杆长度对钻机-钻柱-钻头-井底岩石系统动力分析结果的影响

不改变其他条件，分别模拟加重钻杆数量为 6 根、12 根、18 根和 24 根情况下井口轴向载荷、井口扭矩、近钻头和海底防喷器附近的扭转角速度，如图 4-54~图 4-57 所示。

图 4-54 为不同长度加重钻杆情况下井口轴向载荷的变化情况。随着加重钻杆长度的增大，井口轴向力相应增大，应在保证井眼稳定的前提下，减少加重钻杆的数量。

图 4-55 为不同长度加重钻杆情况下井口扭矩的变化情况。随着加重钻杆长度的增大，井口扭矩波动相应增大，但影响较小，应在保证井眼稳定的前提下，减少加重钻杆的数量。

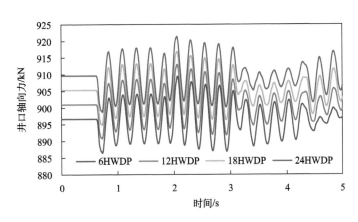

图 4-54　加重钻杆长度对井口轴向力的影响

HWDP 表示加重钻杆

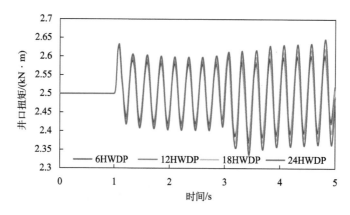

图 4-55　加重钻杆长度对井口扭矩的影响

如图 4-56 所示，为不同长度加重钻杆情况下近钻头附近钻柱的扭转角速度变化情况。随着加重钻杆长度的增大，近钻头处扭转角速度波动相应增大，但影响较小，应在保证井眼稳定的前提下，减少加重钻杆的数量。

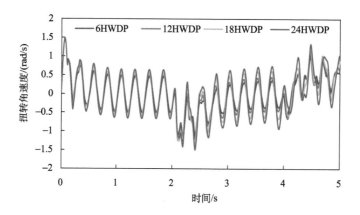

图 4-56　加重钻杆长度对近钻头处扭转角速度的影响

图 4-57 为不同长度加重钻杆情况下海底防喷器处钻柱的扭转角速度变化情况。随着加重钻杆长度的增大，海底防喷器处扭转角速度波动相应增大，但影响较小，应在保证井眼稳定的前提下，减少加重钻杆的数量[15]。

对比分析钻铤长度改变和加重钻杆长度改变对钻柱动力学结果的影响可知，钻铤长度和加重钻杆长度增加均会增大轴向载荷，但钻铤长度增大在适当条件下可以增大钻柱稳定性，有效抑制钻柱振动，而加重钻杆长度增大则无法产生明显的正面效应，因此在直井中设计使用钻柱结构时，应合理增大钻铤长度，并控制加重钻杆的使用。

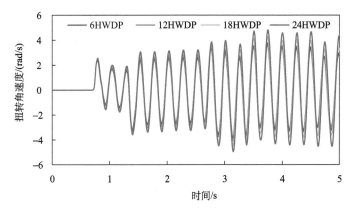

图 4-57　加重钻杆长度对海底防喷器处扭转角速度的影响

4. 钻压对钻柱振动影响

不改变其他条件，分别模拟钻压为 10kN、20kN、30kN 和 40kN 情况下井口轴向载荷、井口扭矩、近钻头和海底防喷器附近的扭转角速度[80]的变化，如图 4-58~图 4-61 所示。

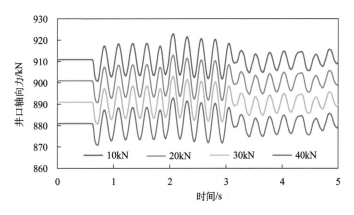

图 4-58　钻压对井口轴向力的影响

图 4-58 为不同钻压情况下井口轴向载荷的变化情况。随着钻压的增大，井口轴向力相应增大，应在保证达到钻进破岩需求的前提下，降低钻压。

图 4-59 为不同钻压情况下井口扭矩的变化情况。钻压增大对井口扭矩几乎没有影响，应在保证达到钻进破岩需求的前提下，合理控制钻压。

图 4-60 为不同钻压情况下近钻头附近钻柱的扭转角速度变化情况。钻压增大对近钻头处钻柱扭转角速度几乎没有影响，应在保证达到钻进破岩需求的前提下，合理控制钻压。

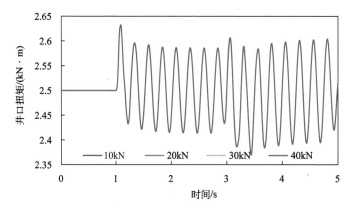

图 4-59 钻压对井口扭矩的影响

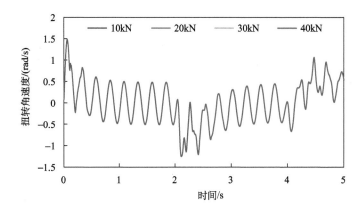

图 4-60 钻压对近钻头处扭转角速度的影响

图 4-61 为不同钻压情况下海底防喷器处钻柱的扭转角速度变化情况。钻压增大对海底防喷器处钻柱扭转角速度几乎没有影响，应在保证达到钻进破岩需求的前提下，合理控制钻压。

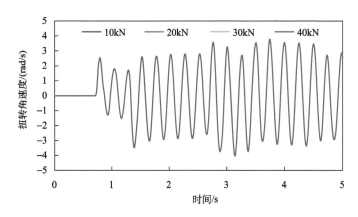

图 4-61 钻压对海底防喷器处扭转角速度的影响

5. 转速对钻柱振动的影响

不改变其他条件，分别模拟转速为 40r/min、60r/min、80r/min 情况下井口轴向载荷、井口扭矩、近钻头和海底防喷器附近的扭转角速度的变化，如图 4-62~图 4-65 所示。

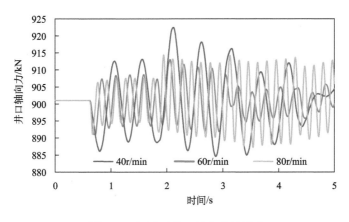

图 4-62　转速对井口轴向力的影响

图 4-62 为不同转速情况下井口轴向载荷的变化情况。随着转速增大，井口轴向力的波动频率增大。在 40r/min 时，井口轴向力波动最为明显，在 60r/min 时，井口轴向力波动最为平缓，但是两者差别都不大。

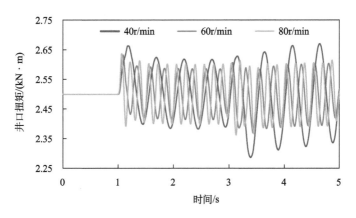

图 4-63　转速对井口扭矩的影响

图 4-63 为不同转速情况下井口扭矩的变化情况。随着转速增大，井口扭矩的波动频率增大。在 40r/min 时，井口扭矩波动最为明显，在 60r/min 和 80r/min 时，井口扭矩波动相对平缓且波动幅度几乎没有变化。

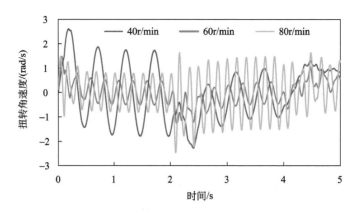

图 4-64　转速对近钻头处扭转角速度的影响

　　图 4-64 为不同转速情况下近钻头附近钻柱的扭转角速度变化情况。随着转速增大，近钻头处钻柱扭转角速度的波动频率增大。在 80r/min 时，近钻头处钻柱扭转角速度波动幅度最为明显，在 60r/min 时，波动幅度相对平缓。

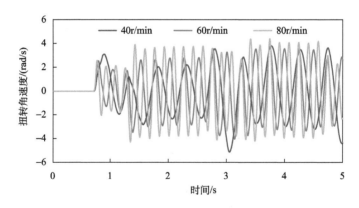

图 4-65　转速对海底防喷器处扭转角速度的影响

　　图 4-65 为不同转速情况下海底防喷器处钻柱的扭转角速度变化情况。随着转速增大，近钻头处钻柱扭转角速度的波动频率增大，但不同转速下的钻柱扭转角速度波动幅度差别不大。

4.3.3　深水钻完井双层管柱系统动力学分析

　　我国深水油气田的开发是最近几年才开始兴起，目前已经进行的深水测试作业井共计 6 口，均为直井，主要是在我国南海地区的流花、荔湾等产油、气区域。因此，本节以 LW3-1-3 井为例，进行深水测试管柱系统的力学仿真分析，基本参数如表 4-7~表 4-9 所示 [76]。

表 4-7 LW3-1-3 井基本参数

参数	数值和名称
井名	LW3-1-3
井型	垂直评价井
转盘到平均海平面	31.0m
转盘到井口基准面	1481.00m
井口基准面到 9 5/8 套管悬挂器	0.808m
转盘到槽型悬挂器悬挂点	1480.19m

表 4-8 测试数据

参数	单位	数值
液垫(白油)	kg/m³	808.4
最终环空液体(油基泥浆)	kg/m³	1170
钻杆测试压力	MPa	41.4
封隔器深度	m	3053
射孔段	m	3123.5~3127.5
	m	3129.6~3152.7

表 4-9 LW3-1-3 井储层参数

参数	单位	数值
地层顶部	m	3123
井斜角	(°)	0
储藏压力(地层顶部)	MPa	33.4
储藏温度	℃	95
气体压力梯度	psi/ft	0.1
最大关井压力(气达地面)	MPa	26.18
最大井口温度	℃	58
气体比重	SG	0.7
地温梯度	℃/100m	5.26
海床深度	m	1485
海床温度	℃	3

1. 实例井双层管柱动力特性分析

为不失一般性,本节采用 LW3-1-3 井基础数据的同时,设定波浪洋流存在一定的夹角为 30°,且深水管柱的特点主要是在海水段管柱,因此主要对海水段管柱系统进行分析。根据实测海况选取的平台边界为:偏移 3% 水深,波浪参数:波高 10m,周期 15s,相位角确定为 14.38°,洋流剖面为线性流:流速 $u_c = k_c z + u_{c0}$(流速因子 $k_c = \dfrac{0.93}{h-46}$,

$u_{c0} = \dfrac{0.93h}{h-46}$，其中 h 为深度）。由于数据较多，这里主要列出海水段的部分数据对测试管柱进行分析。

深水测试管柱系统由于在管柱下入后需要用悬挂器坐挂井口，这样就把管柱系统一分为二，海水段管柱系统的主要载荷是波流力，边界主要是平台的偏移量。以管柱下入工况为例进行分析。

如图 4-66 所示为海水段测试管柱水平偏移，可以看到 Y 向最大的偏移量为 67m，变形主要是在波浪区域。随着水深的增加，波流载荷迅速衰减，泥线附近波流作用已经很小。水平位移相应产生了如图 4-67 所示的弯矩的变化。可见，在水深 500m 内弯矩变化频繁。这主要是因为，接受波流载荷作用的主要是隔水管，当隔水管位移达到一定值时，就会与测试管柱接触碰撞，胁迫测试管柱偏移，引起弯矩大小和分布的变化。而水深增加后，波流载荷成为小量，且泥线井口的约束，测试管柱和隔水管的偏移趋近一致，碰撞减少，弯矩也就不会有如波浪区的变化。表 4-10 为测试管柱与隔水管柱接触碰撞后的接触力。

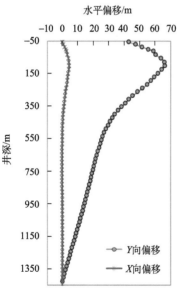

图 4-66　海水段管柱水平偏移量

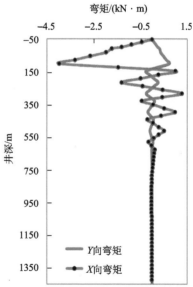

图 4-67　海水段管柱弯矩变化

表 4-10　接触点处接触力

轴向接触位置/mm	Y 向接触力/N	X 向接触力/N
7.77×10^4	141	27.7
1.23×10^5	−136	−28.5
1.92×10^5	77.7	16.3
2.61×10^5	−72.1	−15.1
3.06×10^5	60.3	12.6
3.75×10^5	45.6	−9.50

续表

轴向接触位置/mm	Y 向接触力/N	X 向接触力/N
$4.20×10^5$	36.7	7.69
$4.89×10^5$	−20.5	−4.25
$5.58×10^5$	15.7	3.19
$6.03×10^5$	−7.35	−1.36

各工况大钩轴力、测试管柱 Mises 应力，如表 4-11 所示。

表 4-11　测试各工况下管柱轴力与等效应力

类别	坐封	下入	坐挂井口	射孔	测试	关井	插管脱出	起出
平台井口轴力/t	141.7	58.1	40.3	40.3	40.3	40.3	72.5	63.6
Mises 应力/MPa	462.5	203.3	150.0	310.7	150.0	150.0	246.7	219.6
安全系数	2.00	4.24	5.74	2.77	5.74	5.74	3.49	3.92

管柱下入后，需要通过大钩释放重力使插管插入封隔器(约 40000lb[①])，起出时则需要克服插管封隔器的解锁力(20000lb)，因此起出时轴力较大。而坐封时，需要在钻杆内憋压 11.2MPa，使得大钩载荷迅速增大。射孔、测试和关井工况是由于悬挂器锁定，地层段管柱系统的载荷传递不到海水段，因此与坐挂井口工况的轴力近似相等。虽然在起下管柱工况中，上部轴力较大，但是由于波流的作用，波浪区管柱的弯矩非常大，最大 Mises 应力落在波浪区，对于该井为水深 100.5m，管柱下入、起出、坐封过程均在此波浪区应力最大。射孔、测试和关井工况时，泥线井口均被坐挂而固定，相应的 Mises 应力如表 4-11 所示。实际上由于减振器的作用，射孔冲击载荷的峰值压力对管柱的作用会小很多，这一点将在后面进行细致分析。

LW3-1-3 井测试管柱采用的是 4 1/2 油管，屈服强度为 861.3MPa；坐封封隔器采用的是 5 7/8 钻杆，屈服强度为 927.3MPa，因此管柱系统安全。深水测试与陆地地层测试的主要区别是，在海水段，波浪、洋流、平台偏移量等海况条件是影响海水段测试管柱的主要因素。因此，首先依据所开发的仿真程序，选取波浪、洋流、平台偏移量等因素，对海水段的测试管柱力学行为进行分析研究。

2. 波浪参数的影响

图 4-68 为不同波高对波流力的影响。可知，随着波高增大，波浪区测试管柱的水平偏移量也增大，即波高与测试管柱波浪区的弯矩成正比。隔水管的尺寸大，截面惯性矩大，抗弯能力强。测试管柱尺寸小，在设计测试管柱时，要对所能承受的最大弯矩依据

---

① 1lb=0.45359kg。

波高进行校核。

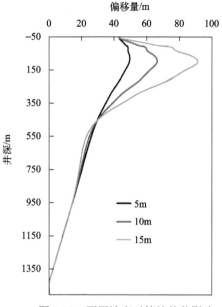

图 4-68　不同波高对管柱偏移影响

　　为了对比不同相位角对波浪力的影响，波浪相位角依次取 0°、45°、90°、135°、180°、225° 和 270°，相位角对波流力影响如图 4-69 所示。由图 4-69 知，在相位角小于 135° 时，波浪力将使得管柱系统的偏移量增大；大于 180° 时，则使得偏移量减小。根据管柱系统偏移量的变化，可知在 135°~180° 某个相位使得管柱系统的响应最小。

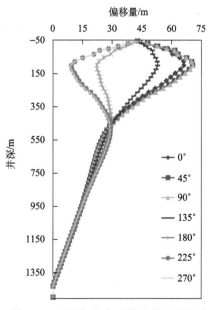

图 4-69　不同相位角对管柱偏移的影响

3. 洋流的影响

图 4-70 为不同流型时管柱系统的偏移量。由图 4-70 知，四种流型与波浪力叠加后，作用效果都是在浅水波浪区最为明显。速度很小的均匀流与波浪力叠加就可以使管柱的偏移量急剧增大，而常见的线性流的危害要小得多。这主要是因为，在管柱的上端，外层隔水管上部张紧器的张紧作用，内层测试管柱大钩的牵拉作用，使得管柱系统上部的抗弯刚度较大，浅水区域管柱的变形受到牵制。水深超过 100m 后，海流与波浪速度可充分叠加，使得波流力增大，弯曲变形也同样增大。泥线附近受到隔水管下球接头、测试管柱悬挂器的约束，同时波浪力几乎衰减为零，线性海流在泥线附近也迅速减小，因此得出了如图 4-70 的结果。实际海况条件下这种均匀流几乎不存在，但是和其相似的剪切流、暗流确是存在的。如图 4-70 所示，在 80~100m 存在暗流；80~100m 和 100~120m 存在速度方向相反的海流，称之为剪切流。可知，暗流的偏移量更大一些，而剪切流反向的速度弱化了波浪力的作用，因此偏移较小。暗流和剪切流存在的区域决定了其对测试管柱系统的危害性，若与波浪区接近或同在一个深度范围内，暗流的危害更大；若存在于波浪区外，则剪切流的作用更大。

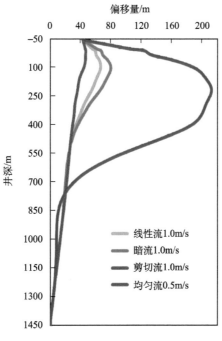

图 4-70　洋流剖面对管柱偏移量的影响

4. 平台平均偏移量的影响

在深水区作业，一般采用的是半潜平台或浮式钻井船，其多采用动力定位系统。当平台偏移超过所限定的偏移量时，动力定位系统则根据反馈信号，动态实现平台的定位[74]。限定平台偏移量主要是因为偏移过大会造成钻井、完井等作业无法进行，作业管柱与隔水管柱下球接头位置卡死，甚至出现事故。因此本节分析不同平台偏移量对管柱系统的影响，如图4-71所示，随着偏移量的增大，下部管柱变形几乎线性增大。实际中对平台平均偏移量的估算是采用水深的百分比，由图4-71可知，水深超过500m后波流力的影响迅速减小，下部管柱的偏转角度与按水深的百分比估算近似相等，即采用按水深的百分比估算可作业范围是合理的。

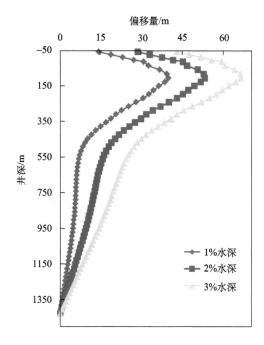

图 4-71 平台平均偏移对测试管柱的影响

第 5 章

深水防喷器系统安全设计技术原理

5.1 防喷器的分类及其工作原理

5.1.1 闸板防喷器

闸板防喷器是最早用于石油钻井的防喷器，是井控装置的关键设备[81]。早期使用手动控制，费时费力、故障多，现代石油钻井采用液压闸板防喷器，能够实现在 3~8s 内迅速关井，操作和维修都很方便。液压闸板防喷器分单闸板、双闸板防喷器。

1. 单闸板防喷器

单闸板防喷器结构如图 5-1 所示。

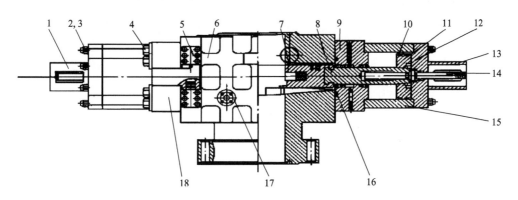

图 5-1　单闸板防喷器结构示意图

1.左缸盖；2.盖形螺母；3.液缸联结螺栓；4.侧门螺栓；5.铰链座；6.壳体；7.闸板总成；8.闸板轴；9.右侧门；10.活塞密封圈；11.活塞；12.活塞锁帽；13.右缸盖；14.锁紧轴；15.液缸；16.侧门密封圈；17.油管座；18.左侧门

2. 双闸板防喷器

双闸板防喷器结构如图5-2所示。

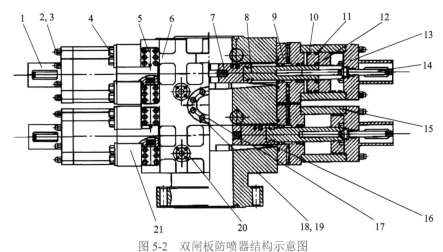

图 5-2　双闸板防喷器结构示意图

1.左缸盖；2.盖形螺母；3.液缸联结螺栓；4.侧门螺栓；5.铰链座；6.壳体；7.闸板总成；8.闸板轴；9.右侧门；10.活塞密封圈；11.活塞；12.活塞锁帽；13.右缸盖；14.锁紧轴；15.液缸；16.侧门密封圈；17.盲法兰；18.双头螺栓；19.螺母；20.油管座；21.左侧门

　　闸板防喷器闸板总成有四种类型：盲板(全封闸板)、管子闸板、可变径芯子闸板、剪切盲板，如图5-3所示。

　　防喷器的壳体是通用的，目前液压控制的闸板防喷器是国内外广泛采用的，其优点是开关动作迅速，操作轻便省力，使用安全可靠，维修保养容易。

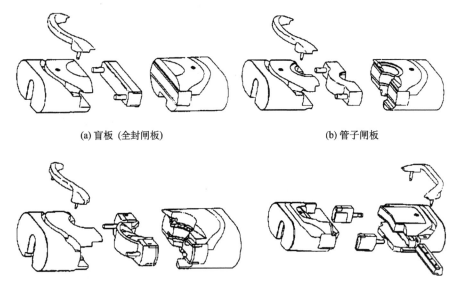

(a) 盲板 (全封闸板)　　　　　　　　　　(b) 管子闸板

(c) 可变径芯子闸板　　　　　　　　　　(d) 剪切闸板

图 5-3　四种类型的闸板防喷器闸板

3. 主要功能

(1)井内有钻柱、油管和套管时，利用管子闸板防喷器封闭相应管子与井眼形成的环空间，达到封井目的。

(2)井中无钻具时，用盲板(全封)防喷器可全封井眼。

(3)在特殊情况下可用全封/剪切闸板防喷器剪断钻具并达到全封井的目的。

(4)可变径芯子闸板防喷器，适用于几种不同尺寸的钻具，在整个起钻柱过程中需经常更换闸板芯，可以达到封井目的。

(5)必要的情况下，管子闸板防喷器可以悬挂钻柱。

(6)通过防喷器壳体旁侧出口，可以进行循环和阻流压井作业。

4. 工作原理

当发生井喷或者井涌时，高压动力液进入左右的液缸关闭腔，推动活塞带动闸板及闸板总成沿闸板室内导向筋限定的轨道分别向井口中心移动，实现封井。同理要实现防喷器的开启，需要将高压动力液引入左右液缸开启腔，如图 5-4 所示。

图 5-4　闸板防喷器

5.1.2　环形防喷器

1. 锥形胶芯环形防喷器

锥形胶芯环形防喷器结构如图 5-5 和图 5-6 所示。

2. 球形胶芯环形防喷器

球形胶芯环形防喷器结构如图 5-7 所示，图 5-8 为真实物图。

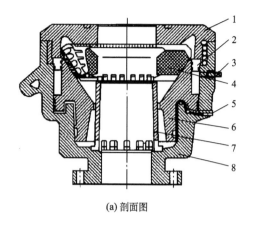

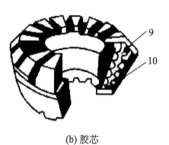

(a) 剖面图

(b) 胶芯

图 5-5 锥形胶芯环形防喷器结构

1.顶盖；2.防尘圈；3.油塞；4.胶芯；5.油塞；6.活塞；7.支撑筒；8.壳体；9.支承筋；10.橡胶

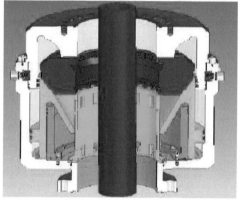

图 5-6 锥形胶芯环形防喷器实物图

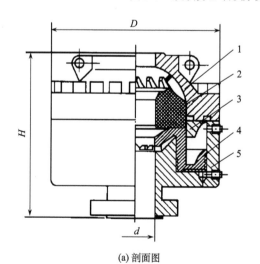

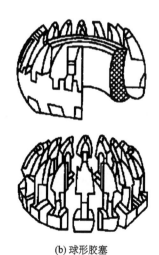

(a) 剖面图

(b) 球形胶塞

图 5-7 球形胶芯环形防喷器结构

1.顶盖；2.胶芯；3.防尘圈；4.活塞；5.壳体

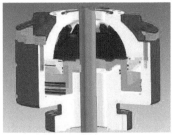
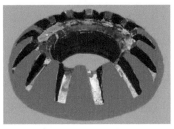

图 5-8 球形胶芯环形防喷器实物图

5.2 深水海底防喷器系统设计与控制

5.2.1 海底防喷器基本结构

防喷器的主要功能是当井筒出现不正常高压、井液异常外溢时进行封井。通常防喷器分为环形(万能)防喷器和闸板防喷器两种。闸板又分为全封(剪切)闸板和半封(管形)闸板两种,闸板防喷器还可以分为单闸板、双闸板和三闸板防喷器。万能防喷器可以在井喷情况下应急封闭井孔内的任何物件,包括钻具、钢丝绳乃至全封。

深水半潜式钻井平台的海底防喷器组是实现各种作业要求功能的各种防喷器不同组合的集成体,通常由万能防喷器、单闸板防喷器、双闸板防喷器的一种、两种或者几种防喷器与相应的管线及控制阀门等组成。"海洋石油 981"海底防喷器组可以分为两部分(图 5-9):下部隔水管总成(LMRP)与下部防喷器组(lower blowout preventer stack, LBOP)。两者以隔水管连接器与下万能防喷器为分界面。LMRP 上部与隔水管柱连接在一起,能够实现海底防喷器载荷的传递及隔水管系统的联通。LMRP 下部能够通过隔水管连接器实现与 LBOP 的连接及应急解脱。LBOP 下部通过井口连接器与井口基盘连接在一起。

"海洋石油 981"的海底防喷器组通径为 18 3/4in[①],闸板防喷器的最大封井工作压力能够达到 15000psi(103.5MPa),万能防喷器的最大封井工作压力可以达到 10000psi(69MPa)。它具有钻杆剪切闸板一套、套管剪切闸板一套、5 7/8in 钻杆闸板两套、5 7/8in

---

① 1in=2.54cm。

试压闸板一套、3 1/2in～5 7/8in 可变闸板一套，其总质量约 430t，外形尺寸：5.5m×4.8m×16.7m，结构组成从顶部至底部如下所示：

(1) 下部隔水管总成万能防喷器(LMRP SBOP)；

(2) 防喷器组万能防喷器(STACK SBOP)；

(3) 钻杆剪切闸板(CVX SHR RAM)；

(4) 套管剪切闸板(CASING SHR RAM)；

(5) 可变钻杆闸板(PIPE RAM 5～7in MULTI)，也可以变成钻杆闸板(PIPE RAM 5 7/8in FIXED)；

(6) 可变钻杆闸板(PIPE RAM 3 1/2in～5 7/8in MULTI)；

(7) 钻杆闸板(PIPE RAM 5 7/8in FIXED)；

(8) 双面试压钻杆闸板(PIPE RAM 5 7/8in FIXED-BDC)。

"海油石油 981"平台海底防喷器配置示意图见图 5-9 和图 5-10。

图 5-9 "海洋石油 981"平台防喷器组实物图

5.2.2 深水海底防喷器控制系统

本质安全型防喷器控制系统控制理念为：当平台发生火灾和爆炸等恶性事故而失去所有控制信号时，海底防喷器自动关闭。其先进性体现在：配备了可移动式声呐控制系统，增加了在同时失去液压信号、电信号时的自动关断系统，提高了紧急情况下防喷器可剪断钻杆和套管的剪切能力。

本质安全型防喷器组控制系统有正常控制和应急控制两种工作方式。正常控制是通过在司钻或者钻井队长室的控制面板上的触摸屏或者按钮实现控制，应急操作可以通过移动式的声呐、ROV 的机械手及海底防喷器组自带的应急液压备用控制系统实现控制。应急控制只具有防喷器组在应急状态下的功能，少于正常控制所有的全部功能。

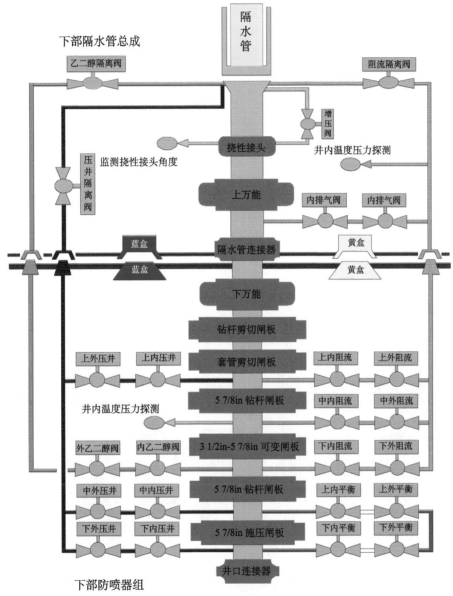

图 5-10　"海洋石油 981"平台防喷器组示意图

1. 本质安全型防喷器控制系统剪切能力

防喷器组执行剪切钻杆或者套管动作是它控制井口、防止井喷最为关键的一个操作步骤，而剪切闸板的剪切能力是它的一个重要考核指标。由于工作水深的不同，所使用的钻杆尺寸也不同，相应的闸板防喷器的剪切能力应满足剪断最大深水钻井作业使用的最大尺寸钻杆的要求。"海洋石油981"配置的剪切闸板的剪切能力如表5-1所示。

表 5-1 "海洋石油981"剪切闸板剪切能力表

序号	剪切项目	剪切能力
1	钻杆	6 5/8in S-135 等级 27.21lb/in
2	套管	16.97in PPF@t4600psi 13 5/8 in 88 PPF@3500psi

每个剪切防喷器的工作原理(图 5-11)基本类似。"海洋石油981"海底防喷器组的钻杆剪切闸板共有5种控制方法来实现剪切动作的控制。

(1)地面控制:关闭压力为1500psi。

(2)地面控制:关闭压力为5000psi。

(3)EHBS控制:关闭压力为1500psi,钻杆剪切为5000psi。

(4)声呐控制:关闭压力为3000~6000psi,钻杆剪切为5000psi。

(5)ROV控制:关闭压力为5000psi。

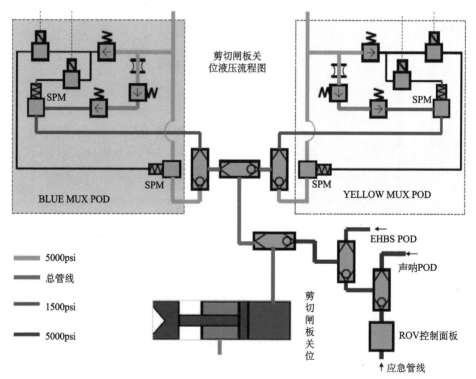

图 5-11 "海洋石油981"海底防喷器组剪切闸板关位流程图

2. 本质安全型防喷器控制系统设备

海底防喷器组控制系统的设备主要包括:液压泵站、蓄能器组、中央处理装置等

（图 5-12）。液压泵站可以经过隔水管外部的两条液压管线向防喷器提供液压油来控制水下防喷器的动作。其中液压泵站可以根据需要泵送三种介质：防喷器混合液、高纯度液压油或乙二醇等。

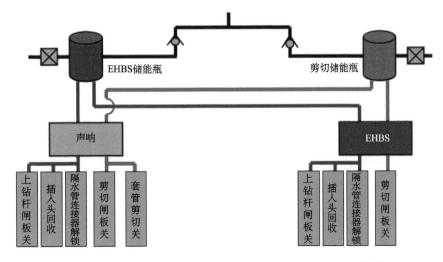

图 5-12　"海洋石油 981"本质安全型防喷器控制系统图[82, 83]

液压泵站有两台马达驱动，其中一台马达接入平台的应急供电系统。泵站设有防喷器混合液罐、高纯度液压油管及乙二醇等。液压泵站可以配置并输送防喷器控制所需的控制混合液。

蓄能器组是储存并在应急时供给海底防喷器组控制液的装置，在液压泵组失效的情况下，蓄能器的容量(容积和压力)应该能够满足防喷器组控制的需要。

中央处理装置设置在平台的舱室内，它是实现防喷器组控制系统的所有地面控制管汇与海底防喷器的控制功能的数据交换中心。防喷器控制系统 UPS 的容量需要满足防喷器控制系统持续工作 2h 的规范要求。控制盒是海底防喷器与地面控制设备的电与液压的转换中心，所有的控制信号均通过此控制枢纽传递给海底防喷器组。

3. 冗余设计

海底防喷器能否正常按照要求关闭，实现井口控制，关系到整个平台的生命财产安全，所以防喷器控制系统的冗余设计显得尤为重要，"海洋石油 981"项目充分考虑了控制系统的冗余设计，具体情况如下：

(1)设计两套独立的控制阀及先到控制阀安装在位于下部隔水管总成的每个控制接头上。

(2)设计两套独立的能够分别供给海底防喷器所需的液压油的液压管线,沿着隔水管的外侧连接到海底防喷器组。

(3)设计两套对应的功能完全相同的控制接头及控制电缆，并采用蓝、黄两种不同颜色标识。

(4)设计两套独立的控制电缆收放绞车系统及导向滑轮系统。

(5)设计两套功能完全相同的海底防喷器组控制面板，一套安装在钻台上的司钻房内，另一套安装在生活楼内的钻井队长室内。

4. 应急解脱

隔水管的应急解脱是保护井口、隔水管及平台安全的重要应急措施，虽然隔水管的应急解脱通常用于动力定位的浮式钻井装置，但是对于具有动力定位与锚泊双重定位功能的"海洋石油 981"半潜式钻井平台来说，除设置了在司钻房及钻井队长室的控制面板上的隔水管正常解脱的控制功能外，也在应急液压备用与声呐控制的控制板设置了隔水管应急解脱功能。

5. 防冻措施

对于深水钻井作业，海底的温度较低，为了保证海底防喷器本体及控制系统的执行机构能够在相应的工作温度范围之内，深水半潜式钻井平台的海底防喷器组必须采取相应的防冻措施并配置相关的设备及系统。"海洋石油 981"半潜式钻井平台设置了两套独立的防冻措施。

(1)使用液压泵站的混合系统配置乙二醇防冻液，并向海底防喷器组及井口连接器注入乙二醇防冻液。

(2)使用高压试压泵从平台上设置的独立的乙二醇混合液体罐向海底防喷器组及井口连接器等注入防冻液。

另外，试压泵还可以在防喷器组检修或者下放到井口盘安装就位后进行相应的试压工作。

第 6 章

深水浮式平台安全操作方法

6.1 深水浮式平台压排载操作

6.1.1 深水浮式平台压载系统的特点

深水浮式平台压载系统的一大特点是，由于平台构造的原因及为满足总体性能的要求，压载舱的数量特别多。例如，"海洋石油 981"半潜式钻井平台两个下浮体尺度各为长 114.07m、宽 20.12m、高 8.54m；四个立柱尺度各为长 17.385m、宽 17.385m、高 21.46m，在这个容积范围内除了布置了 8 个泵舱、8 个推进器舱、燃油舱、淡水舱、泥浆舱、盐水舱、钻井水舱及锚链舱等外，还设有压载舱 38 个，在 F&G 公司的基本设计中甚至达到了 46 个压载舱。庞大的压载舱群使得压载系统也变得非常庞大。由于半潜平台的构造比较特殊，其下浮体是由两个独立的结构体通过横向连接杆件连在一起，左右下浮体中心距为 58.56m，两个浮体之间不能穿越管路。这就使得左右两个浮体的压载系统必须是独立的，管路及泵不能相互备用。

根据行业规范要求，半潜平台压载水系统应能在 3h 内使平台在完整无损的情况下从最大作业吃水改变至强风暴压载吃水，如果这一吃水差小于 4.6m 则按 4.6m 吃水差来计算。这意味着对压载/排压载速率有强制性要求。行业规范要求压载系统应能在平台假定破损条件下保证有效操作，并能在无附加压载及任意一台压载泵不工作的情况下使平台恢复到平衡位置和安全吃水状态。ABS MODU 规范对压载泵的配置有失舱要求，在 MODU 规范 4-2-3/13.5.2 节中明确要求平台在最大操作吃水时，当平台处于破损状态下要求至少有两台泵能够有效地排空每一个压载舱。而这里的破损状态之一就是指含有压载泵的处所的破损工况。根据规范要求，"海洋石油 981"半潜平台破损工况允许的最大倾斜角不超过 17°，对应的最大的首尾吃水差可达到约 33m，在这种工况下要通过压载系统来扶正平台，对压载系统和压载泵的操作工况来讲是极其恶劣的，系统设计的难度也是非常大的。

6.1.2 浮式平台压载系统设备配置

根据浮式平台规范要求，压载系统应至少设置两台独立的压载泵，以保证任意一台压载泵发生故障时压载系统能保持正常工作(ABS 规定，必须考虑由于一个泵舱破损而失去压载泵的情况下能满足这个要求)。ABS Offshore 规范明确规定：满足上述要求的每一台泵应具有足够的压头/容量特性和有效的吸入性能(NPSHr)，确保在最大破损倾角的情况下泵的容量不小于额定容量的 50%。ABS Offshore 规范还明确规定：设置两个下浮体的平台，每一个下浮体均应至少设置两台独立的压载泵。备用压载泵允许用其他泵来兼用，但要求能随时投入使用[84, 85]。

根据总体破舱稳性计算，"海洋石油 981"半潜式钻井平台破损工况下的最大倾斜角将达到 15°。按此计算，压载泵至最远的一个压载舱的最大吃水差将达到 6.365m，这样的工况对压载泵的吸入性能要求甚高，因此在压载泵的选型时要求泵的 NPSHr 值尽可能低。

考虑到平台的动力定位系统 DP3 要求，在每一个下浮体的前、后部各设置了两个泵舱，所以平台共有 8 个泵舱，各泵舱相互之间完全独立。

根据规范要求计算压载泵的容量：平台操作吃水为 19m；平台(风暴)生存吃水为 16m；设计吃水差为 3m。

根据 ABS 规范要求，计算吃水差小于 4.6m 时取 4.6m，则计算风暴生存吃水为

$$19 – 4.6 = 14.4m$$

平台在 19m 吃水时的排水量为 51754t，在 14.4m 吃水时的排水量为 46311t，计算的压载水量为 51754 – 46311 = 5443 t = 5310 m³

需要的压载泵总容量为

$$5310 \text{ m}^3/3\text{h} = 1770 \text{ m}^3/\text{h}$$

该平台共 8 个泵舱，每个泵舱设置 1 台压载泵则共 8 台压载泵，破损工况允许失去一个泵舱而不影响平台正常运行，故按 7 台泵来计算压载泵的容量，每台压载泵的计算容量为

$$1770 \text{ m}^3/7 \text{ 台} = 253 \text{ m}^3/\text{台}$$

则实际选用压载泵的容量为 300 m³/h；压头为 36 mlc①；NPSHr 为 2.09 mlc。

根据规范要求，每一台压载泵必须要有备用泵，备用泵可以用其他泵来兼，但备用泵的性能参数必须与压载系统需要的参数相接近。

考虑到平台已经配备了 4 台主发电机冷却海水泵和 4 台副海水冷却泵，将这 8 台冷却海

---

① mlc 为 mete liquid column，米-液的换算单位。

水泵分别布置在 8 个泵舱，可以兼作压载备用泵。主机冷却海水泵的参数为：排量 750 m³/h，压头 74 mlc，NPSHr 4 mlc；副海水冷却泵的参数为：排量 600 m³/h，压头 103 mlc，NPSHr 3.25 mlc。显然，这两种泵的排量和压头都大大高于压载泵的参数，为了不提高压载系统的设计压力，要求这两种冷却水泵均采用双速泵，高转速用于冷却水系统，低转速用于压载系统。实际选用的冷却水泵的参数见表 6-1。

表 6-1　冷却水泵的参数

海水泵	容量/(m³/h)	压头/mlc	NPSHr/mlc	转速/(r/min)
主机冷却海水泵	750/300	74/35	4/2	1780/1180
副冷却海水泵	600/390	103/45.6	3.25/1.55	1780/1180

6.1.3　压载系统冗余设计与安全措施

如果在启动压载备用工况时作业者选择的操作模式与运行工况不相符合，也就是说发生了误操作，由于压载系统的设计压力低于冷却水操作工况的压力，这时对压载系统的安全性就会带来威胁。在设计中我们引进了海洋工程设计中 HAZOP 分析的理念，必须确保任何的人为操作失误都不至于发生重大的灾难性事故。通过中控操作系统增加逻辑判断控制，来确保单个操作失误不能启动错误操作模式，从而避免压载系统超压的危险，即把冷却海水泵的冷却水运行模式的启动与冷却海水泵出口至连接备用压载管路隔断阀的阀位做连锁。也就是说，如果连接备用压载系统的隔断阀处于开启位置，则冷却水泵的冷却水模式是不能运行的，只有当该阀处于关闭状态，冷却水模式才能启动。反过来，只有当相对应的备用泵处于压载模式下，其连接备用压载系统的隔断阀才能开启。

6.1.4　压载舱的注入安全控制

浮式平台的大部分压载舱位于下浮体，根据规范要求压载舱的透气管必须引升至开敞甲板的破舱水线以上，由于平台的主甲板高于基线 38.6m，且平台的最大破损倾角达到约 15°，对压载舱的透气管位置和高度都有一定的要求，这对压载舱(特别是下浮体压载舱)的强度设计也带来了很大的影响。尽管结构设计时已经考虑了透气管高度对压载舱的强度要求，但在系统设计时为确保安全，还需采用一定的控制措施。"海洋石油 981"平台在每个压载舱设置了两个液位传感器，每个舱液位传感器的高液位信号通过中控的逻辑控制发出一个关阀信号，自动关闭该压载舱的注入阀。当该压载泵对应服务的所有压载舱的注入阀均处于关闭状态，则该压载泵自动停泵。但这个逻辑控制必须与压载环管上的舱壁隔断阀连锁，只有当环管的舱壁隔断阀关闭时，前后两个泵舱内的每个压载泵分别服务于各自辖区内的压载舱，这个逻辑控制才能起作用。当环管隔断阀打开的时候，前后泵舱内的压载泵可以相互备用，但设定的自动停泵的逻辑控制程序与系统运行模式发生了变化，所以在这种状态下只能通过手动控制。

6.2　深水浮式平台动力定位系统安全操作

6.2.1　浮式平台动力定位规范标准

自 20 世纪 60 年代开始，随着海上油气田开发的兴起和海洋油气钻探装备的发展，国外各船级社和国际组织对动力定位系统进行了研究，出版了众多的规范[76]。1977 年，挪威船级社(DNV)出版了第一个动力定位系统试行规范，英国劳氏船级社(LR)也随后出版了动力定位系统规范。1983 年，英国能源部和挪威石油理事会联合出版了 *Guidelines for the Specification and Operation of Dynamically Positioned Diving Sopport Vessels*。随着动力定位船舶的日益普遍，由于动力定位系统涉及船舶运营、作业安全，国际海事组织(IMO)海上安全委员会(MSC)于 1994 年第 63 届大会上通过了 MSC/Circ. *Guidelines for Vessels with Dynamic Positioning Systems*。该通函于 1994 年 7 月 1 日起对新船生效。此后，美国船级社(ABS)、德国船级社(GL)、法国船级社(BV)相继出版了动力定位系统规范。中国船级社(CCS)也于 2002 年正式出版了第一个动力定位系统规范。

船级符号是船级社授予船舶的一个等级标志。对于动力定位系统来说，各船级社根据动力定位系统的功能和设备冗余度授予不同的附加标志，这对钻井平台工程项目的国际投标、租约及向保险公司投保具有重要作用。各船级社规定的附加标志(表 6-2)基本上与 IMO 标准的动力定位设备等级相对应。

动力定位系统主要由动力系统、推力器、计算机控制系统、位置参照系统等组成。

(1)动力系统：包括发电机组、主配电板、与推力器供电相适应的变频器。

(2)测量系统：包括环境风浪流的检测传感器、钻井平台运动传感器、位置测量系统。

(3)控制系统：包括控制计算机、信号采集传输网络、操作控制台、打印机等。

(4)推进系统：产生抵抗外界干扰力、维持钻井平台目标位置所需的推力。

船级社对授予不同动力定位附加标志所要求的设备配置也具有不同要求，主要区别在设备配置的冗余度上。对于不同动力定位等级所要求的设备配置冗余，各船级社基本相同，以 CCS 为例，表 6-3 列出了动力定位系统设备配置的要求。

表 6-2　动力定位附加标志

船级社	附加标志					
	符号	DYNPOS T	DYNPOS AUTS	DYNPOS AUT	DYNPOS AUTR	DYNPOS AUTRO
DNV	说明	设备无冗余，半自动保持船位	设备无冗余，自动保持船位	具有推力遥控备用和位置参考备用，自动保持船位	在技术设计中具有冗余度，自动保持船位	在技术设计和实际使用中具有冗余度，自动保持船位

续表

船级社	附加标志				
LR	符号		DP（CM）	DP（AM）	DP（AA）	DP（AAA）
	说明		集中手控	自动控制和一套手动控制	动力系统的单个故障，不致导致失去船位	一舱失火或浸水时，能自动保持船位
BV	符号		SAM	AM/AT	AM/AT R	AM/AT RS
	说明		半自动模式	自动模式，自动跟踪，要求 I 级设备	自动模式，自动跟踪，要求 II 级设备	自动模式，自动跟踪，要求III级设备
ABS	符号		DPS-0	DPS-1	DPS-2	DPS-3
	说明		集中手动控制船位，自动控制艏向	自动保持船位和艏向，还具有独立集中手控船位和自动艏向控制	单个故障（活动部件或系统）情况下，自动保持船位和艏向	一舱失火或浸水情况下，能自动保持船位和艏向
GL	符号			DP1	DP2	DP3
	说明			发生单个故障，会造成位置丢失	单个故障（活动部件或系统）情况下，不造成位置丢失	一舱失火或浸水时，不造成位置丢失
CCS	符号			DP-1	DP-2	DP-3
	说明			自动保持船位和艏向，还具有独立的集中手控船位和自动艏向控制	单个故障（活动部件或系统）情况下，自动保持船位和艏向	一舱失火或浸水情况下，能自动保持船位和艏向
IMO	符号			1 级设备	2 级设备	3 级设备
	说明			发生单个故障，会造成位置丢失	单个故障（活动部件或系统）情况下，不造成位置丢失	一舱失火或浸水情况下，不造成位置丢失

表 6-3　动力定位系统的设备配置要求

	设备	DP-1	DP-2	DP-3
动力系统	发电机和原动机	无冗余	有冗余	有冗余，舱室分开
	主配电板	1	1	2，舱室分开
	功率管理系统	无	有	有
推力器	推力器布置	无冗余	有冗余	有冗余，舱室分开
控制	自动控制，计算机系统数量	1	2	3（其中之一在另一控制站）
	手动控制，带自动定向的人工操纵	有	有	有
	各推力器的单独手柄	有	有	有

续表

设备		DP-1	DP-2	DP-3
传感器	位置参照系统	2	3	3, 其中之一在另一控制站
	垂直面参照系统	1	2	2
	陀螺罗经	1	2	3
	风速风向	1	2	3
UPS 电源		1	1	2, 舱室分开
备用控制站		没有	没有	有

6.2.2 动力定位能力分析

1. 分析原理

动力定位能力是指在给定的环境运转条件下一艘动力定位平台保持位置的能力。动力定位能力分析用来描述一艘动力定位船在能保持其位置和艏向的条件下所能承受的极限海况。在极限环境下，配置既定的推力器能提供的最大推力与环境力平衡。这里的环境力主要指风、浪、流对船所施加的力，所以，描述极限环境主要包括风速、有义波高和海流速度。理论上认为，风、浪和海流的方向一致，波浪条件在某一特定海域与风速又存在一定关系，所以动力定位能力分析的结果体现为在不同角度下所能承受的最大风速。

有关国际组织对动力定位能力曲线的计算都给出了各自的规定或指导方法，计算要求相似，具体可参考国际标准《石油和天然气工业海上建筑物的特殊要求》第 7 部分：《浮动式海上建筑物和移动式海上设备的定位系统》(ISO 19901—7—2005)、美国石油协会(API)的 RP 2SK 部分《浮式结构定位系统设计和分析的推荐作法》及国际海事承包商协会(IMCA)的建议《动力定位能力曲线说明书》。

动力定位能力曲线是通过在极坐标上一条从 0°~360°的封闭包络曲线表达船体在指定推力系统参数及指定环境条件下的动力定位能力[86]。定位能力通过船体能抵抗的最大环境条件来衡量，因此定位包络曲线上任意一点的角度坐标表示环境条件相对船体的来向，半径坐标表示该方向上船体所能保持定位的最大环境条件，通过最大风速衡量(也有采用流速的)。动力定位能力曲线计算的目的就是计算动力定位系统所产生的推力在各个方向上所能够抵抗的最大环境载荷，这个最大环境条件也称为定位的限制环境。环境条件包括风、浪、流条件，在设置三种环境条件时，把流速作为一恒定值，而风速和波浪条件(波高和平均周期)以同概率增加。风速和波浪条件的变化关系取决于作业区域海况，可根据该区域的长期统计资料获得。考虑到风浪流条件的复杂性，一般都假定三种环境载荷从同一方向作用。

动力定位能力曲线计算中考虑的是水平方向环境载荷与推力器产生推力的静态平

衡，需要满足下列等式：

$$
\begin{cases}
\displaystyle\sum_{i=1}^{N_T} T_{xi} = F_{cx} + F_{wvx} + F_{wdx} + F_{opx} \\
\displaystyle\sum_{i=1}^{N_T} T_{yi} = F_{cy} + F_{wvy} + F_{wdy} + F_{opy} \\
\displaystyle\sum_{i=1}^{N_T} M_{zi} = M_{cz} + M_{wvz} + M_{wdz} + M_{opz}
\end{cases}
\tag{6-1}
$$

式中，T_{xi}、T_{yi} 和 M_{zi} 分别为各个推力器在水平三个方向上产生的力和力矩；N_T 为推力器数目；F_{wvx}、F_{wvy} 和 M_{wvz} 为波浪漂移作用引起的力和力矩，即波浪平均力；F_{cx}、F_{cy} 和 M_{cz} 为海流力和力矩；F_{wdx}、F_{wdy} 和 M_{wdz} 为风力和力矩；如果作业任务能够产生水平力，F_{opx}、F_{opy} 和 M_{opz} 则为作业水平力和力矩。

需要指出的是，环境载荷计算中只考虑平均部分，未考虑动力影响。例如，波浪漂移引起的力和力矩只计及平均部分，风环境给出的风谱也只计及平均风力。因此，必须有足够的推力冗余以保证在实际中能抵抗动力作用，冗余大小的确定取决于环境条件计算所得的动力大小。一般情况下可选取 20% 作为推力冗余，即计算中的最大推力为推力器实际最大推力的 80%，在计算中通过设置"最大可用推力"的选项来调节单个推进器的推力上限。

在计算定位能力曲线之前，需要建立环境载荷作用和推力产生的数学模型。其中环境载荷作用包括各个方向上的风力系数、流力系数和平均波浪力系数。保持定位所需的推力大小由控制系统的推力分配逻辑决定，推力器实际产生推力还应该考虑海流的影响、推力器之间的相互干扰推力器与船体之间的相互干扰。因此，推力产生的模型需要对两方面进行建模，一方面是推力分配逻辑，另一方面是考虑各种影响因素的推力器效率。在建立环境载荷作用和推力产生的模型后，就可以按图 6-1 所示的步骤进行定位能力曲线的计算。

在计算推力 T_i 时，首先由模型试验或理论方法计算得到推力器的敞水性能，推力系数 K_T 和转矩系数 K_Q 表达成回归公式：

$$
\begin{cases}
K_T = \displaystyle\sum_{i=0}^{n_i} \sum_{j=0}^{n_j} C_T(i,j)\left(\dfrac{P}{D}\right)^i J^j \\
K_Q = \displaystyle\sum_{i=0}^{n_i} \sum_{j=0}^{n_j} C_Q(i,j)\left(\dfrac{P}{D}\right)^i J^j
\end{cases}
\tag{6-2}
$$

根据海流速度、平台艏向及上游推力器的尾流速度等，求得第 i 个推力器轴向的进速大小：

$$
v_i = U_{\infty i} + \sum_{\substack{k=1 \\ k \neq i}}^{N} \Delta v_{ki}
\tag{6-3}
$$

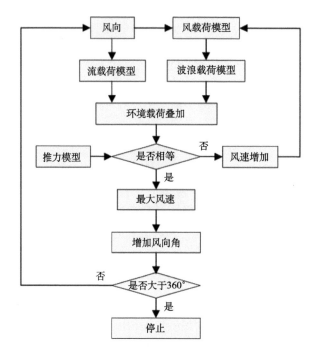

图 6-1 动力定位能力曲线计算流程图

式中，$U_{\infty i}$ 为仅由海流引起的轴向进流速度；Δv_{ki} 为由第 k 个推力器的尾流引起的轴向进流速度。两个推力器之间的相互影响根据螺旋桨尾流为紊乱射流的假定进行计算。

根据轴向进速查取推力器敞水性能参数，便可计算得到推力 T、转矩 Q 及消耗功率 P_D：

$$\begin{cases} T = \rho n^2 D^4 K_T \\ Q = \rho n^2 D^5 K_Q \\ P_D = 2\pi nQ \end{cases} \tag{6-4}$$

考虑到浮式平台一般使用的都是全方位推力器，在任何方向 α_i 上都能产生推力 T_i，则可把推力分解为 x 轴和 y 轴两个方向的力 T_{xi} 和 T_{yi}，这样就同时表达了推力器的大小和方向。设立变量

$$\underline{X} = [x_1, x_2, \cdots, x_{2N}] \tag{6-5}$$

式中，$x_{2i-1} = T_{xi}$，全方位推力器的纵向力；$x_{2i} = T_{yi}$，全方位推力器的横向力；N 为全方位推力器的数目。推力器工作时产生的推力方向可表示为

$$\alpha_i = \arctan\left(\frac{x_{2i}}{x_{2i-1}}\right) \tag{6-6}$$

即推力器产生的推力(矩)为

$$X_T = \sum_{i=1}^{N} x_{2i-1}$$

$$Y_T = \sum_{i=1}^{N} x_{2i-1} \qquad (6\text{-}7)$$

$$M_T = \sum_{i=1}^{N} x_{2i-1} l_{x,i} - \sum_{i=1}^{N} x_{2i-1} l_{y,i}$$

式中，$l_{y,i}$ 和 $l_{x,i}$ 分别为推力器到平台旋转中心(一般取坐标原点)的纵向和横向距离。

再利用控制系统的另外一个功能：分配推力给各个推力器，由专门的推力分配逻辑来执行。约束条件包括三个方向(纵向、横向和艏摇力矩方向)上的推力等式，即推力器产生的推力(矩)要与控制器计算得到的要求推力(矩)相等

$$g_1(x) = X_{\text{treq}} - \sum_{i=1}^{N} x_{2i-1} = 0$$

$$g_2(x) = Y_{\text{treq}} - \sum_{i=1}^{N} x_{2i-1} = 0 \qquad (6\text{-}8)$$

$$g_3(x) = N_{\text{treq}} - \sum_{i=1}^{N} x_{2i-1} l_{y,i} + \sum_{i=1}^{N} x_{2i-1} l_{x,i} = 0$$

式中，X_{treq}、Y_{treq}、N_{treq} 为控制器由位置信息和海洋环境载荷计算得到的所需推力。最后通过罚函数法对该最优化问题进行求解。

风速从零开始循环计算，每次循环风速增加一小量(如 1kn[①]或 1m/s)，同时从风-波浪的变化关系得到波浪条件的增加，分别计算三种环境载荷，叠加得到总环境载荷并施加给推力模型，直到总的环境载荷达到推力模型所能产生的最大推力平衡，此时的风速便是船体保持定位所能抵抗的最大风速。选择一定风向间隔进行计算，如风向角每次增加10°，对各个风向角重复上述过程，直到找到 0°~360° 所有风向角的最大风速，最后便可根据各个角度上计算得到的最大风速绘制出一条限制风速包络曲线，即是所谓的动力定位能力曲线。

从上面的流程中可知，每一个工况(case)计算应该由以下参数来决定：

(1)流速；

(2)风速和有义波高及平均周期之间的关系；

(3)风谱和波浪谱的类型；

(4)需要考虑的推力冗余度；

(5)需要考虑的额外静力和力矩(如由作业任务产生的力)；

(6)推力系统参数(推力器布置、型式和尺寸)。

设定处于工作状态的推力器。

---

① 1kn=1.852km/ h。

2. 推力器干扰问题

在进行动力定位能力计算时，推力器和推力器之间、推力器和船体之间的干扰影响也是需要考虑的重要问题。

1) 推力器和推力器之间的干扰影响

动力定位海洋平台配置有多台推力器，且海洋平台动力定位需考虑 360°所有方向，因此客观上会存在部分推力器方向成一直线情况，产生推力器之间的干扰。在平台设计中一方面在推力器布置过程中，需考虑尽可能避免这种干扰，同时在动力定位能力分析时，对推力器之间的干扰影响进行分析并采取一定措施。

对于推力器之间的相互干扰影响，在过去几十年中，进行了许多试验研究，虽然采用了不同的螺旋桨，但它们的结果却吻合得很好。通过两个前后布置的螺旋桨进行了试验，表明螺旋桨距离越靠近，干扰越严重；另一方面，前面的螺旋桨尾流会在相当长的距离内对后面的螺旋桨产生影响，在远离 16 倍螺旋桨直径的距离处，推力损失仍可达 1/4 左右。下列下游螺旋桨的推力减额公式，可用于工程应用

$$t = T / T_0 = 1 - 0.80^{(x/D)^{2/3}} \tag{6-9}$$

式中，T_0 为敞水中的系柱推力；x 为两螺旋桨间距；D 为螺旋桨直径；T 为下游螺旋桨能产生的推力；t 为推力减额。

当推力器设置于平板下方时，螺旋桨的尾流最大速度中心会发生向平板附着偏移现象，这将减小下游螺旋桨的入流速度，减小下游推力器的损失，这时的推力减额公式变为

$$t = T / T_0 = 1 - 0.75^{(x/D)^{2/3}} \tag{6-10}$$

有研究给出了上述两种情况的推力减额数值，如图 6-2、图 6-3 所示。

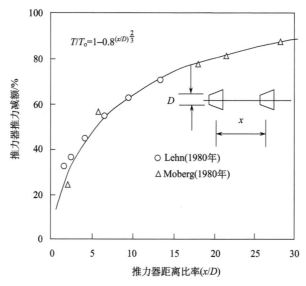

图 6-2 敞水中两个推力器前后布置情况下下游推力器推力减额

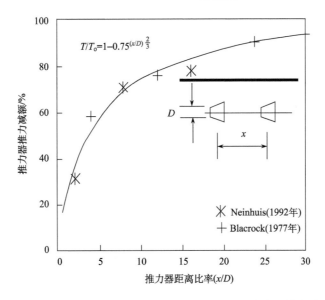

图 6-3 平板下方两个推力器前后布置情况下下游推力器推力减额

改变上游螺旋桨角度可避免和改善尾流对下游螺旋桨的影响，Neinhuis 和 Lehn 进行了试验研究并得到证实。Dang 等总结出下列公式：

$$t_\phi = t + (1-t)\frac{\phi^3}{130/t^3 + \phi^3} \tag{6-11}$$

式中，ϕ 为两螺旋桨的夹角；t 为 $\phi=0$ 时的推力减额；t_ϕ 为夹角为 ϕ 的推力减额。

工程实际中，通过采取上述方式避免和改善推力器尾流对下游推力器的影响，取得了很好的效果，如图 6-4 所示。对于平台动力定位，当部分角度范围出现推力器成一条

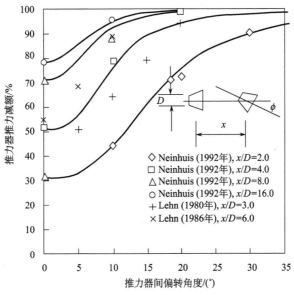

图 6-4 推力器间偏转角度对推力减额的影响

线情况，即采取推力器偏转一定角度，在控制程序中予以控制。这个限制的角度范围通常就称为禁止角。

2）船体对推力器的影响

船体由于其形状、线型及推力器布置形式各异，船体对推力器的影响情况较为复杂。通常考虑以下方面情况：

（1）推力减额：螺旋桨安装于船底平坦底部，尾流对船体产生附加阻力（摩擦力），与螺旋桨推力方向相反，可认为是推力损失，推力减额可达20%～25%。对于动力定位推力器，当推力器回转角度使得尾流转向船体内侧时，尾流引起的推力减额更大。

（2）Coanda 效应：当船体表面是曲面时，如船体舷部，螺旋桨尾流会沿着弯曲表面形成一低压区域，产生压差力，抵消部分推力，使有效推力减小。研究显示，曲面半径越大，推力器离其距离越远，"Coanda 效应"越大，推力减额可达15%。

（3）双船体影响：研究发现，当推力器安装在非常靠近浮体底部，且离浮体边缘距离较远时，尾流可以向上偏转达 29°，这时尾流将对另一边的浮体造成冲击，产生相当大的影响，引起的推力损失可达8%～12%。实质上这也是"Coanda 效应"引起的。

对于具有双浮体的半潜式钻井平台，采用多个全回转推力器，当推进器处于不同方向工作时，上述典型情况都会出现，因此在设计中需要对上述引起推力损失的情况予以考虑。为改善船体与推力器之间的干扰，目前在工程设计中，通常采取将全回转导管推力器的导管向下倾斜一定的角度，一般为3°～5°，以改善上述船体及"Coanda 效应"引起的不利影响。

动力定位的推力器设计时，考虑到动力定位环境条件包括一定的水流（一般并不会太大），计及水流对推力器运行工况点的影响，可按1～2kn 流速来进行推力器设计。但1～2kn 流速对推力器参数的设计差异并不明显，通常可按系柱工况点来设计，当在一定水流下运行时，推力器处于略微轻载的工况，而推力减小也不致明显。在推力器设计参数确定后，各推力器生产专业厂商都将提供推力器特性曲线，以用于进行动力定位能力分析。

6.2.3 浮式平台动力定位能力分析

以典型深水浮式平台为例进行分析[87]，共考虑了水深1500m 以上4 种工况：完整情况钻井工况、完整情况连接工况、损失情况钻井工况、损失情况连接工况。其中损失情况为平台设计允许的最大失效情形，即失去一个主配电板或两台推进器。

各工况推力器利用率"蝴蝶图"如图 6-5~图 6-8，计算所得结论如下：

（1）计算结果与 MARIN 水池试验结果的比较验证达到了良好吻合。

（2）完整情况下，钻井和待机工况单个推力器的最大使用率小于 API 要求的80%。

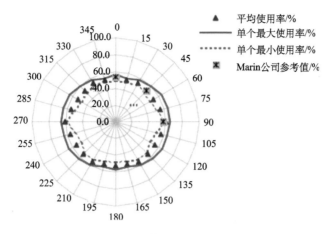

图 6-5　钻井工况（完整情况）

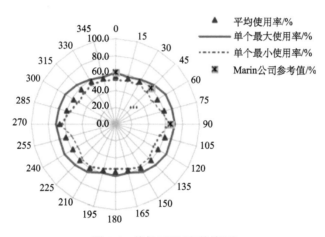

图 6-6　待机工况（完整情况）

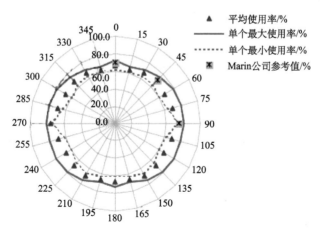

图 6-7　钻井工况（损失情况）

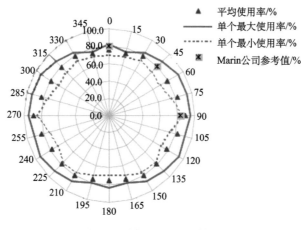

图 6-8　待机工况(损失情况)

(3)损失工况下，钻井工况单个推力器的最大使用率小于 API 要求的 80%，待机工况单个推力器使用率将超过 API 的 80%衡准，但平均使用率为 94%，不致导致位置离失，可满足 IMCA 要求。

6.3　深水浮式平台锚泊定位操作

6.3.1　目标平台锚泊定位系统分析

由于近几年恶劣海况频频出现，许多半潜平台的定位能力在这些灾害性气候面前显得不够可靠，国外新近设计的一些平台通常都增加了定位锚索的数量，采用 12 点或者 16 点锚泊定位的形式。同时，与前期研究及概念设计相比，目标平台要求增加最大设计工况。在基本设计中，使用实际作业海域的南海环境条件作为设计基础，最初采用的最大设计工况为：10 年一遇的波浪，25 年一遇的风及 10 年一遇的流，但计算后发现这种工况对于 500m 及 1500m 水深来说都过于恶劣，最大设计工况下 8 点锚泊系统无法对平台进行有效的定位。因此，决定将锚泊系统增加至 12 点定位的方式。对于 500m 水深情况，在满足 API RP2SK 要求的基础上，通过计算得到相应的设计工况，结果表明计算所得的环境条件均低于 10 年一遇的南海环境条件；对于 1500m 水深最大设计工况，除了将每小时风速由 80kn 降低为 74kn 外，风、流均满足 10 年一遇的台风条件，具体如表 6-4 所示。

1. 锚索布置形式

目标平台采用 12 点锚泊定位形式，如图 6-9 所示。

表 6-4　目标平台设计工况

环境参数	作业工况	最大设计工况 (500m 水深)	最大设计工况 (1500m)
1h 平均风速/(m/s)	21.97	31.89	38.07
有义波高 $H_{1/3}$/m	6.0	11.1	11.1
波周期 T_p/s	11.2	13.6	13.6
流速/(m/s)	1.03	1.03	1.65

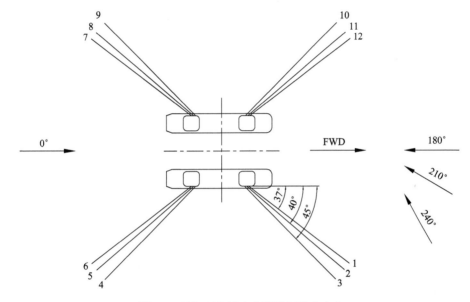

图 6-9　目标平台锚索布置及环境力方向

2. 锚索配置

目标平台的锚索配置情况为：在 500m 水深以内采用全锚链系统，500~1500m 水深范围采用链-缆-链组合形式，具体如表 6-5 所示。

表 6-5　目标平台锚索配置

水深/m	锚索配置		
	R4S 锚链 (与平台连接端)	尼龙缆	K4 锚链 (与锚连接端)
500	φ84mm×1750m		
1500	φ84mm×450m	φ160mm×2000m	φ90mm×1500m

6.3.2 平台锚泊定位系统的配置

(1)当水深不超过 500m 时，目标平台采用自带的全锚链系统进行定位。

(2)当水深为 500~1500m 时，目标平台采用链-缆-链组合锚索定位形式，并采用预抛锚方式。当环境条件超过设计条件时，控制系统进行报警，动力定位系统进行辅助定位。

(3)当水深超过 1500m 时，目标平台采用动力定位系统进行定位。

(4)锚泊定位系统的最大作业水深确定为 1500m，这与概念设计时一致，但在实际设计中，由于平台的质量控制相当严格，平台可供利用的空间也比较有限，因此，与前期研究及概念设计相比，锚泊系统的配置有所改变。

目标平台锚泊定位系统的实际配备如下：

(1)三链轮锚机，4 台。与组合锚绞车相比，可节省甲板空间，可省去四立柱内原先用于储存绞车的舱室。另外，在布置上比较简单，不必设置额外的操作平台用于链缆间的转换。锚机在甲板上的布置如图 6-10 所示。

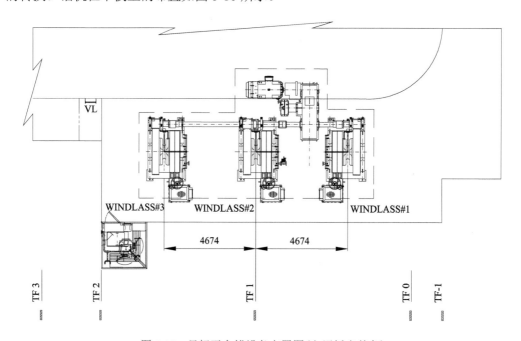

图 6-10　目标平台锚设备布置图(主甲板右前角)

(2)锚机控制室，4 个，如图 6-10 所示。

(3)导链器，12 个，如图 6-11 所示。与锚索完全自带方式相比，采用简单的导链器即可，不必设置较复杂的导索器。①锚索。平台自带部分：ϕ84mm×1750m R4S 锚链，12 根。预抛锚部分：ϕ160mm 尼龙缆+ϕ90mm×1500mK4 锚链，12 根。②锚。Stevpris MK 6，15t，12 个，如图 6-12 所示。与 Stevpris MK 5 相比，MK6 属于新一代超大力锚，抓重比更大，结构形式各可靠。③捞锚圈，12 只，如图 6-13 所示。④J 型捞链钩，2 只，如图 6-14 所示。⑤四爪捞链钩，1 只，如图 6-15 所示。

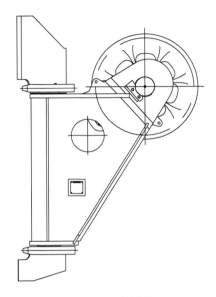

图 6-11　导链器

图 6-12　Stevpris MK 6 锚

图 6-13　捞锚圈　　　　　图 6-14　J 型捞链钩图　　　　图 6-15　四爪捞链钩

对深水海域，如果采用通过锚浮标起抛锚的传统方式，锚浮标所配的绳索将会很长，而且锚浮标的可靠性也不太强，因此，对于目标平台，通过工作船采用捞锚圈进行起抛锚作业，操作起来更方便安全，配置也更简单。

6.4 深水浮式平台台风应急策略及隔水管避台应对措施研究

6.4.1 隔水管系统台风应急原则和方案

面对台风对作业的影响，深水浮式平台决策需要考虑的几个基本因素包括：保护人员安全；保护油气井的安全；保护设备安全；保证恢复作业的安全和高效[88]。

基于以上考虑，以典型深水浮式平台为例进行分析，台风应急基本原则如下：

(1)防台风以"预防为主，十防十空也要防"的主导思想，切实做到确保人员的安全。

(2)在确保人员安全的前提下，尽可能使油、气井和钻井设备处于安全状态。

(3)若正在钻井作业，平台的防台工作未能及时完成，应优先考虑人员的安全。

(4)为了确保撤离时的安全，撤离工作应尽量在白天进行。

(5)撤离人员的台风等级划分：当风力中心为25m/s以上，并可能袭击作业区时，应撤离人员，并须在风暴中心进入750km以内海域前全部撤离完毕或将平台驶离该区域。当风力中心在25m/s以下时，可不撤离人员；

(6)当南海形成的台风中心风力超过25m/s，并可能袭击作业区时，平台人员的撤离和井下处置的程序不受上述三种警戒区域内容的限制，应从南海台风形成的突然性、风力加强快、移动速度快等特点去考虑，迅速做出应急反应，以策安全。

6.4.2 隔水管系统台风应急方案

根据台风应急基本原则，深水浮式平台隔水管系统台风应急方案有如下几种：

(1)采取保护井筒-解脱LMRP-等待天气的方式抗台，由于台风路径和强度时刻发生变化，该方案存在一定的风险。

(2)采取按照保护井筒-解脱LMRP并回收所有隔水管-移船至安全区域的方式避台。

(3)采取按照保护井筒-解脱LMRP悬挂隔水管-移船至安全区域方式。撤离航线一般选取能最快避开台风行进路径的方向，向深水海域行驶，防止悬挂的LMRP碰撞海床发生事故。

以上三种方案示意图如图6-16～图6-18所示。这些是常规隔水管系统的避台方案，如果采用新型防台风隔水管系统，则可大大减少平台撤离台风区域所需时间，但是应用新系统也会带来其他的投入和风险，需综合考虑。

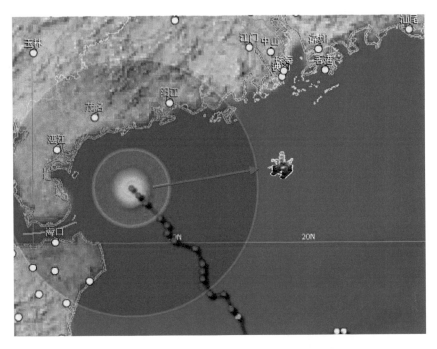

图 6-16 方案一：回收所有隔水管撤离避台示意图

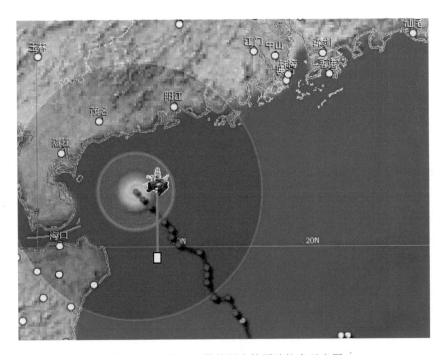

图 6-17 方案二：悬挂隔水管原地抗台示意图

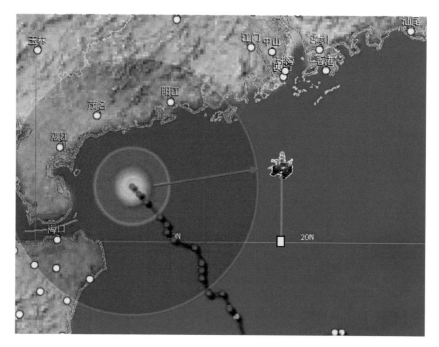

图 6-18　方案三：悬挂隔水管撤离避台示意图

6.4.3　防台警戒区及应急程序

1. 防台警戒区域

深水浮式平台避台撤离时机的选取对于保障撤离过程的安全至关重要。根据风险等级，主要考虑台风与平台的空间距离或台风到达平台的时间，以井场为中心，适当的半径来划分绿色、黄色、橙色和红色范围，形成防台警戒区域。以空间距离为依据的防台警戒区域是：根据平台与台风的距离确定所处的警戒区域，以时间为依据的防台警戒区域则是：根据实时的台风移动速度和与平台的距离测算台风距离到达平台位置的时间，确定所处的警戒区域。

另外台风移动速度具有实时性，以空间距离为依据，根据经验确定的警戒区可能与实际情况有误差，因此深水防台程序的启动同时也考虑以时间警戒区，两者同时对平台所处的警戒区域进行判断，取保守情况启动相应的响应程序。

2. 以空间距离为依据的防台警戒区

防台区域警戒等级主要用来指导台风来临时相应行为的启动。在实践中，警戒等级的设定标准可能需要实时修正。如图 6-19 所示，防台警戒区由内向外划分为 4 个区域：

(1) 红色警戒区是以平台为中心，以半径 R_1=250n mile（463km）的海区。

(2) 橙色警戒区是以平台为中心，以半径 R_2=450n mile（833km）的海区。

（3）黄色警戒区是以平台为中心，以半径 R_3=600n mile（1111km）的海区。

（4）绿色警戒区是以平台为中心，以半径 R_4=750n mile（1389km）以外的海区。

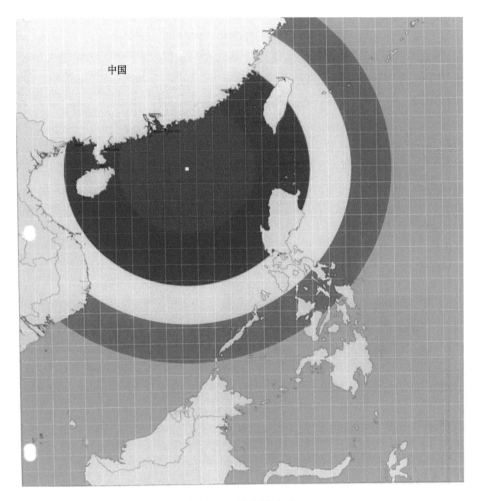

图 6-19　防台警戒区

3. 以时间为依据的防台警戒区域

如图 6-20 所示，以时间为依据的防台警戒区域的划分如下：

（1）绿色警戒区，监视阶段，当 T_{im}<72h，须采取措施加强对台风的监测，及时更新监测数据。T_{im} 为台风前沿到达平台位置的时间（time until the typhoon impacts the rig）。

（2）黄色警戒区，启动井筒处理关井作业，开始回收隔水管，当 $T_{shutdown}$≤0 时，即开始启动

$$T_{shutdown} = T_{im} - (T_{suspend} + T_{phase3} + T_{safety}) \tag{6-12}$$

式中，$T_{suspend}$ 为维护井口回收设备所需要的时间；T_{phase3} 为人员撤离需要的时间；T_{safety}

为安全余量。

(3)橙色警戒区，启动人员撤离工作，当 $T_{\text{nonessential}} \leqslant 0$ 时，即开始启动。撤离顺序：清洁人员和不必要的维护人员，不影响后续操船作业的钻完井人员

$$T_{\text{nonessential}} = T_{\text{im}} - (T_{\text{phase1}} + T_{\text{phase2}} + T_{\text{safety}}) \tag{6-13}$$

(4)红色警戒区，平台驶离台风路径，当 $T_{\text{sail}} \leqslant 0$ 时，留下必要的操船人员和设备维护人员，开动钻井平台驶离台风影响区域

$$T_{\text{sail}} = T_{\text{im}} - (T_{\text{depart}} + T_{\text{safety}}) \tag{6-14}$$

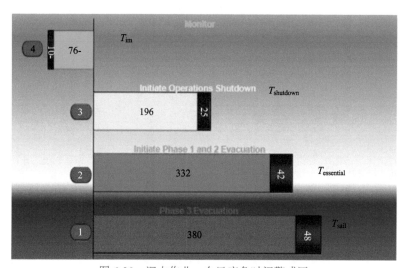

图 6-20 深水作业，台风应急时间警戒区

4. 深水防台启动应急程序

不同警戒区有不同的应急反应程序。

1)绿色区域(第一阶段：预警报)

在作业区域内确认存在台风或热带风暴的潜在危险，就要开始着手监测风暴动态，陆地和海上组织者就要开始做初步的准备(包括气象跟踪、后勤准备等)，根据以往统计数据初步判断到达该范围的时间。

2)黄色区域(第二阶段：开始准备停止当前作业、移动钻井平台)

当台风或强热带风暴朝着作业区域移动，将实施台风紧急撤离阶段Ⅰ的应急措施。撤离 1 类非必要作业人员(offline)，做好解脱 LMRP 的准备工作，准备隔水管回收工具，根据 T-time[①]的计算，随时准备启动回收隔水管程序。

---

① 台风准备时间 T-time(the time required for pulling the bit out of hole and displace riser)定义为将下部钻具(BHA)起出井筒，完成钻井平台和井口脱离，回收隔水管，做好钻井平台转移准备所需要的时间。主要包括停止钻井作业、起出井筒内钻具和封闭油气井所需要的时间；隔水管 LMRP 解脱及回收时间；撤离无关人员、平台压载、设备固定等其他准备时间；安全余量。T-time 时间内，要保证台风处于红色警戒之外。台风季节作业期间，根据钻井作业的进度和所处的作业阶段，每天要对 T-time 进行更新，并填写到每天钻井日报里，以备台风来临临时制定应急作业指令。

3)橙色区域(第三阶段：警告区)

当台风以特定路径朝着作业区域移动，危及作业，处于橙色区域并在红色区域外时，实施台风紧急撤离阶段Ⅱ的应急措施。撤离 2 类非必要作业人员，开始进行隔水管和 LMRP 回收作业，并将 LMRP 固定在平台上。

4)红色区域(第四阶段：危险区)

当台风移动至红色区域边缘时，实施台风紧急撤离阶段四的应急措施，动力定位钻井平台开始驶离台风路径。

第7章

深水隔水管系统安全操作方法

7.1 不同工况下隔水管系统配置图版

图 7-1 为不同工况下隔水管壁厚与浮力块配置图版。

7.2 隔水管系统配置指南

深水钻井隔水管按照材料等级分配一般有三级,分别为 X65、X80、X100,按照壁厚来选配的话一般有 5 种系列,分别为 12.7mm、15.88mm、20.62mm、25.4mm 和 37.75mm。

目前,用于我国南海的深水钻井隔水管单根基本参数如表 7-1 所示,其外径均为 21in,壁厚有四种类型,分别为 1in、0.9375in、0.875in、0.75in,长度为 75ft(22.86m),材料等级为 X80,其配置的浮力块外径均为 54in,提供的浮力有四种规格。隔水管上通常安装有节流管线、压井管线、液压管线、钻井液增压管线和化学剂注入管线等[2]。

表 7-1 隔水管单根基本参数

名称	外径/壁厚/in	长度/ft	材料	干重/kg
隔水管单根Ⅰ	21/1			15506
隔水管单根Ⅱ	21/0.9375		X80	15141
隔水管单根Ⅲ	21/0.875			14728
隔水管单根Ⅳ	21/0.75	75		13959
浮力块Ⅰ				7860
浮力块Ⅱ	54			9552
浮力块Ⅲ				9736
浮力块Ⅳ				10696

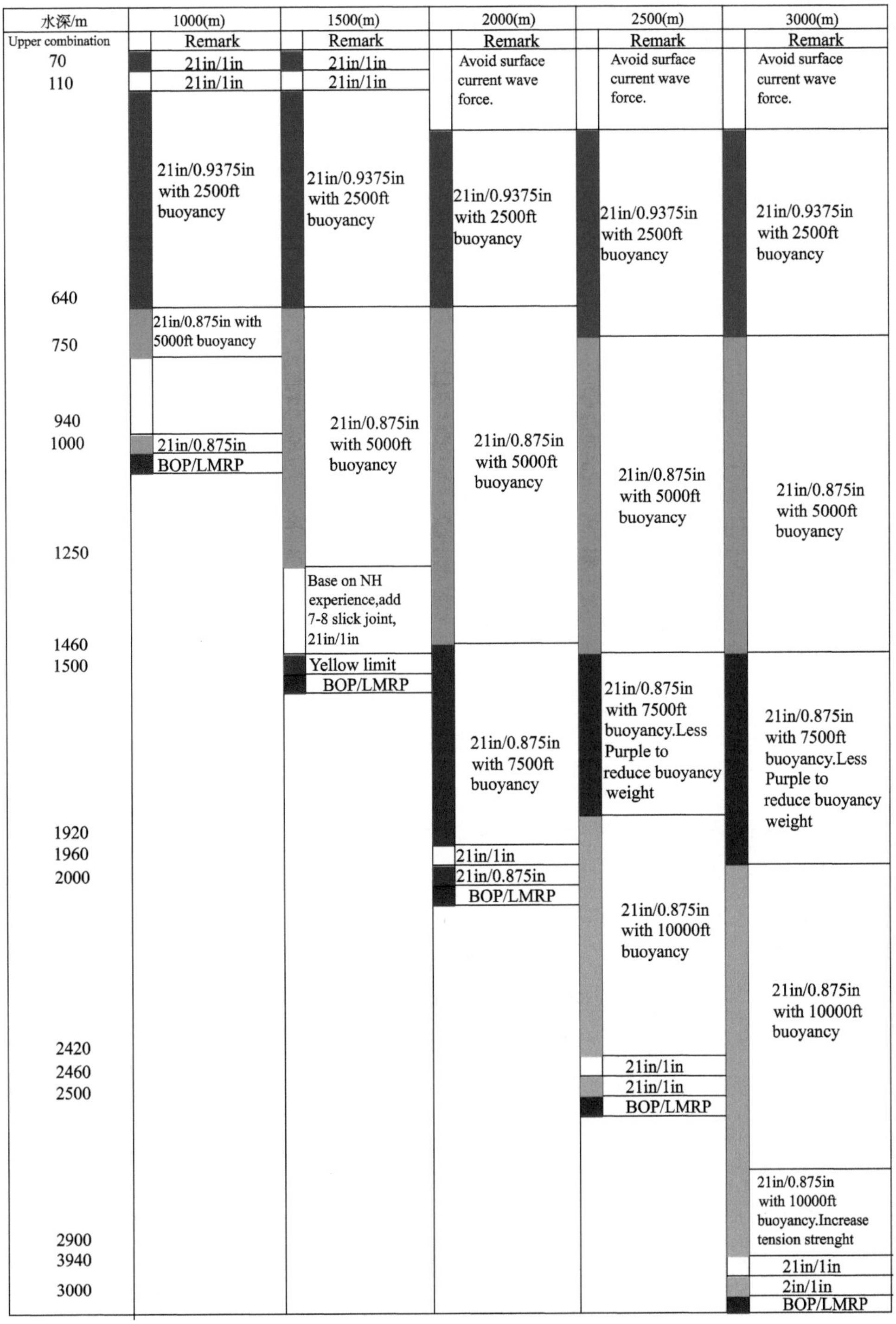

水深/m Upper combination	1000(m) Remark	1500(m) Remark	2000(m) Remark	2500(m) Remark	3000(m) Remark
70	21in/1in	21in/1in	Avoid surface current wave force.	Avoid surface current wave force.	Avoid surface current wave force.
110	21in/1in	21in/1in			
	21in/0.9375in with 2500ft buoyancy	21in/0.9375in with 2500ft buoyancy	21in/0.9375in with 2500ft buoyancy	21in/0.9375in with 2500ft buoyancy	21in/0.9375in with 2500ft buoyancy
640					
750	21in/0.875in with 5000ft buoyancy				
940		21in/0.875in with 5000ft buoyancy	21in/0.875in with 5000ft buoyancy		
1000	21in/0.875in / BOP/LMRP			21in/0.875in with 5000ft buoyancy	21in/0.875in with 5000ft buoyancy
1250					
1460		Base on NH experience,add 7-8 slick joint, 21in/1in			
1500		Yellow limit / BOP/LMRP		21in/0.875in with 7500ft buoyancy.Less Purple to reduce buoyancy weight	21in/0.875in with 7500ft buoyancy.Less Purple to reduce buoyancy weight
			21in/0.875in with 7500ft buoyancy		
1920					
1960			21in/1in		
2000			21in/0.875in / BOP/LMRP	21in/0.875in with 10000ft buoyancy	
2420				21in/0.875in with 10000ft buoyancy	
2460				21in/1in	
2500				21in/1in / BOP/LMRP	
2900					21in/0.875in with 10000ft buoyancy.Increase tension strenght
3940					21in/1in
3000					2in/1in / BOP/LMRP

图 7-1 不同水深的隔水管配置图版

从平台到海底井口依次为分离器、上部挠性接头、适配短节、伸缩节、隔水管、适配器、LMRP、下部挠性接头、海底防喷器，其配置特点如下。

(1)顶部及底部隔水管不安装浮力块,采用裸单根:顶部区域的风、浪、流流速较大,并且该区域为波浪区域,若在此区域配置浮力块,会增大隔水管的水力学外径。由 Morison 方程可知,拖曳力随圆柱体的外径增大而增大,若在该区域配置浮力块会造成较大的拖曳力,不利于安全。底部采用裸单根一是由于底部存在流速较大的暗流,减小外径进而减小海流力的作用;二是采用裸单根更利于水下的安装操作。

(2)壁厚从海面到海底逐渐降低(除去底部处):这是因为顶部隔水管要承受下部隔水管自重,此外,顶部隔水管要承受较大的张力作用及上部海洋环境载荷较大,因此,为保证隔水管有足够大的强度,上部应采用较大壁厚的隔水管;而下部隔水管壁厚逐渐降低则是要减轻自重以便减轻上部隔水管承受的质量。

(3)中间部分隔水管全部配置了浮力块:这是因为需要给隔水管系统提供较大的浮力系数以减轻隔水管的湿重,进而给张力器提供更大的余量。

(4)隔水管海平面下方配置有填充阀:隔水管外部的海水和内部钻井液水压作用刚好抵消。若隔水管内部钻井液泄露而导致压力不平衡时,填充阀将自动工作,外部海水进入隔水管填充钻井液留下的空间以避免因压力不平衡而发生隔水管挤毁事故。

7.3 隔水管系统安放指南

1. 隔水管和防喷器的下放程序

(1)将隔水管插接组建放于卡盘横梁上。这个组件包括:爪式连接器,两个佩恩插接器,一个球接头,与隔水管相连的转换接头及秋接头外围的柔性接头、放喷管线。

(2)将隔水管送入工具连接在钻杆上。穿过转盘将其下放,并使其和隔水管插接组件相连接。

(3)提起处于转盘之下的隔水管插接组件,并吊挂起来。

(4)把防喷器组放在卡盘横梁上。将倒灌架套在导向绳上。

(5)将隔水管插接组件连接在防喷器组的顶端,对整套装置试压。

(6)松开隔水管送入工具,在隔水管插接组件顶端连接第一根隔水管。

(7)提起整个组件,使其离开卡盘横梁,移去横梁,下放整个组件,将其悬挂在隔水管的第一根单根上。

(8)继续连接隔水管单根,从而不断下放防喷组。在连接每一个隔水管单根时,可对压井、防喷管线试压,或者在整个隔水管安装期间,对此管线试压一次到两次。根据操作者的经验选择适当的试压方法。

(9)在隔水管顶部连接伸缩接头,并将其连接到甲板上的隔水管张紧系统,然后把防喷器组座如井口之上。

(10)用 1500lb/in^2 液压,使防喷器组的爪式连接器锁紧在井口头上。

(11)在隔水管顶端连接天然气分流器、喇叭状筒及压井、防喷管线。

(12)对海底防喷器试压，提出试压工具。

2. 隔水管插接组件送入程序

(1)下放隔水管系统时，保持连接器"开启"位置的控制液压，使连接器的卡爪保持张开位置。

(2)当爪式连接器套在防喷器组顶端的公接头上时，用液压控制爪式连接器，将其锁紧。

(3)向连接器"关闭"位置输送控制液压，排出锁紧位置的液压，将放喷、压井和液控管线接头插入各自的插座。

(4)回收隔水管插接组件的过程与上述相反。

此系统的特点如下：

(1)有了此系统，隔管总成可送入和插接到防喷器组上，且随时可单独取回。

(2)压井、放喷管线插进以前，已由爪式连接器形成刚性连接，故各管线插接平稳、安全。

(3)隔水管松脱以前，压井、放喷管线已不连接，插接头不会受损伤。此外，爪式连接器松脱后，允许整个连接系统与放喷组倾斜10°。

(4)插接头与各自插座接触前，导销保证插接头完全同心。连接系统有一定间隙，允许爪式连接器倾斜10°时脱落。

(5)控制液缸有一锁紧机构，如果控制液缸在关闭位置液压漏失，可防止连接系统滑脱。当连接系统完全插进时，该机构自动锁紧。只有导向控制液缸加压到开启位置时，锁紧机构才自动松脱。

(6)在倾斜不超过10°的情况下，上述两部操作能使隔水管和防喷器组进行连接或分离。

7.4　钻井作业操作指南

7.4.1　钻井作业操作程序

1. 钻前准备

(1)装卸钻井物资：泥浆材料、套管、井口工具等。

(2)设备检查保养、功能测试及管线的压力测试。

(3)解除固定。

(4)按照作业者指令组合开钻所用钻具。

2. 一开钻进作业

(1)钻 36in 井眼到设计井深。

(2)起钻。

(3)下送 30in 表层导管。

(4)固井：20in 套管固井作业。

(5)倒开送入工具，起钻。

3. 钻 26in 井眼到设计井深

(1)起钻。

(2)下送 20in 套管。

(3)固井：20in 套管固井作业。

(4)倒开送入工具，起钻。

4. 下防喷器作业

(1)准备好下防喷器的工具。

(2)接隔水管连接防喷器。

(3)下防喷器和隔水管。

(4)防喷器试压。

5. 三开、四开等钻井作业

(1)组合相应下部井眼钻具(BHA)，入井。

(2)开钻，钻井眼到设计井深，中途根据设计需要可能进行取芯作业。

(3)起钻。

(4)电测作业。

(5)起抗磨补芯，下套管/尾管等。

(6)固井。

(7)必要时电测固井质量(有时在刮管洗井后再电测)。

6. 完井及试油作业

(1)刮管洗井。

(2)按照试油程序作业。

(3)下测试管串。

(4)试油测试作业。

7. 弃井作业

(1)按照弃井作业程序进行，下桥塞或注水泥塞。

(2)切割回收套管。

(3)起防喷器作业。

(4)弃井，回收套管头等。

7.4.2 钻井作业过程中隔水管安全控制指南

(1)深水钻井隔水管的轴向载荷对其静力学特性和动力学特性都有显著的影响,因此在实际的钻井作业过程中隔水管顶部应保持足够的张力,避免隔水管处于受压状态。

(2)钻进作业中，当需要紧急脱离隔水管时，特别是在钻井设备的动力停止运转时，应严格遵循安全的隔水管脱离程序。

(3)当台风或热带风暴八级大风半径进入作业平台为中心半径1000km(540n mile)范围内时，应立即停止正常作业，开始进行封井保护井口的工作。

(4)根据平台的可变载荷情况，确定甩钻杆的数量。

(5)使用防热带气旋(台风)应急悬挂工具将部分钻具悬挂在套管内,倒开送入工具起到合适位置。

(6)关闭钻杆闸板防喷器和剪切闸板防喷器，回收隔水管内钻井液。

(7)起出防热带气旋(台风)应急悬挂工具的送入工具。

(8)起隔水管和上万能防喷器，升起平台至抗风吃水。

(9)当风力达到25m/s以上并可能袭击作业区时,平台人员撤离和井下处理工作不受上述程序限制，应迅速做出应急反应以策安全。

(10)从上连接器处解脱并起出隔水管下部组合，升起平台至抗风吃水，考虑到深水作业起出隔水管下部组合时间较长，若无时间起完，则至少应起出一柱隔水管并使平台离开井位约50m，并处在预计可能的下风位置。

(11)在进行隔水管与浮力块的配置时，可考虑使系统在涡流中的频率由浮力块和隔水管共同控制，从而避免涡激共振。

(12)在高速流时考虑让浮力块控制系统频率，在低速流时考虑让隔水管控制频率。

(13)深水钻井隔水管的质量非常大，防喷器必须能承受长隔水管的外力，特别是连接部分的强度。

(14)在相同的顶部张力的作用下，加上浮力块后，隔水管所受的弯曲载荷减小，在隔水管顶部不能提供足够的张力的工况下，加上浮力块可以改善隔水管的受力状况。

(15)当海流速度较大时，可以通过增加顶部张力或通过加浮力块的方式来改善底部球铰的转角的工作状况。

(16)在保证井控安全的情况下，尽量采用低密度钻井液，降低钻井液对隔水管上下边界受力的影响。

（17）在保证携岩能力等水力参数的情况下，尽量避免采用大排量钻井液，以避免钻井液的流动产生的摩阻和惯性力改变隔水管受力状态。

（18）在保证正常钻进的情况下，可适当降低钻柱转速和钻压，或采用井下动力钻具，以减轻钻柱与隔水管内壁的摩擦磨损，保护钻柱和隔水管，延长钻柱和隔水管的使用寿命。

第 8 章

深水防喷器系统安全操作方法

8.1　海上防喷器组选择原则

海洋钻井具有危险性大、保护程度要求高的特点，同时海洋钻井装备类型较多，目前常用的分为自升式平台、半潜式和浮式钻井船三类。不同的钻井装备的井控设备配套不同，但是基本组成和部件功能大都一样。

防喷器组合的内容包括防喷器压力级别的选择、防喷器类型及数量、防喷器位置排列及平台管汇布置等。防喷器组合的合理性和安全性，取决于钻井平台钻井时的危险性和防护程度、地层压力、井身结构、地层流体类型、人员技术素质、气象海流、交通运输条件、工艺技术难度和环境保护要求等诸多因素。简言之要求安全、合理和低成本。

深水浮式钻井平台（船）防喷器组一般配置组成为 3 个管子闸板防喷器和 1 个剪切闸板防喷器，但推荐使用 2 套剪切闸板防喷器，底部的用来切断钻杆，顶部的用来密封压力，即采用"5 闸板"结构。此外，在 LMRP 中还配有 1 个环形防喷器。

防喷器组选型主要考虑以下两个因素：①内部载荷钻杆尺寸和质量、内部钻井液液柱压力及钻进地层预计最高压力；②外部载荷在海底承受的海水静压力。

8.2 深水海底防喷器安装规范

8.2.1 下防喷器操作程序

1. 下防喷器前的准备工作

1)工具准备

(1)隔水管锁紧环转动棒。

(2)更换隔水管密封钩子,以及一定数量的密封、润滑油、抹布和除锈水。

(3)连接转喷器、挠性接头、升高管的楔块用的扭矩扳手,配 24mm、36mm 套筒。

(4)安装转喷器锁销的气动扳手配 1-1/2in 套筒。

(5)月池安装电缆卡子的气动扳手配 19mm 加长套筒。

(6)安装伸缩节机械锁螺杆用 15/16in 套筒,活动扳手。

2)相关设备的组装测试

(1)钻台更换 1000t 吊环、吊卡。

(2)机械师、电气师进行刹车测试。

(3)钻台测试斜道、吊车司机测试隔水管吊车。

(4)液压师测试隔水管提升工具。

(5)测试钻柱补偿器。

(6)吊隔水管卡盘至钻台并组装测试。

3)水下师检查防喷器控制系统及控制面板处于正常状态;确保防喷器控制面板的防喷器功能显示位置正确;确保液压供应正常,系统无漏失;检查隔水管连接器处于锁位。

2. 下防喷器作业

1)拆除防喷器固定,移动 LMRP 和防喷器组到防喷器吊车下,连接防喷器吊耳

要求:检查轨道及周围环境情况;防喷器移动期间轨道周围拉上警示带;提前测试防喷器控制面板操作功能;人员之间相互提醒,清除防喷器上的杂物;注意观察电缆位置、长度等;移动时需专人拉电缆、专人开绞盘。

2)吊运防喷器下放到叉车

(1)起吊前水下师确认隔水管连接器指示杆在锁紧位置。

(2)水下师负责操作防喷器吊车,在遥控面板选择模式"2",操作过程中确保两个大钩的负荷差值不超过 40t;至少两人负责观察防喷器升降过程的状态是否平稳,注意观察控制管线的状态,及时对管线进行收放。

(3)防喷器下放到悬挂位置前 10cm 位置时,伸出叉车支撑臂,并插好锁紧销,确认 4 个支撑臂都完全伸出后,继续下放防喷器,并缓慢坐放于叉车。

3)移防喷器至井口中心

(1)移动前水下师确认叉车轨道无杂物。

(2)操作叉车前,水下师确认叉车固定销收回,并通知中控,方可移动。

(3)防喷器向右移动 10m 后,钻台人员协助安装控制管线的半圆环和重锤;电器和机械人员负责操作控制管线绞盘。

(4)当防喷器移动靠近井口中心时,防止转喷器壳体下的半圆环与防喷器之间的碰撞。

4)将前两根隔水管与防喷器对接

(1)水下师检查确认防喷器上的 6 条边管密封状况,更换损坏的密封。

(2)水下师或队长与钻台保持沟通,缓慢下放隔水管,使隔水管公头进入母头;如果两者不对中,向左或右调节防喷器叉车位置。

(3)下放到位后,用转动棒顺时针旋转 45°,插好安全插销。

(4)下放时注意观察,接近卡盘时锁住卡盘并插上安全销,人员在卡盘上工作时注意不要滑倒。

5)下放防喷器入水

(1)电器和机械人员确认三绞盘操作正常,下放电缆和液压管到合适长度,确保钻台在下放防喷器过程中,绞盘同步运行下放。

(2)助理水下师或副司钻将下部导向装置伸出,夹住防喷器组,防止摇摆。

(3)转喷器壳体处排专人负责看护,观察隔水管下放过程中是否存在挂碰。

(4)水下师或队长指挥钻台上提,当防喷器提离叉车 5cm 高后,专人负责拔出安全插销,操作叉车收回支撑臂。

(5)水下师或队长指挥钻台下放防喷器,当防喷器开始入水时,可适当提高下放速度,直到隔水管坐放于卡盘。

6)根据水下师提供的隔水管下入表格依次下入隔水管

(1)水下师或副司钻检查确认隔水管主管和边管密封,以及边管公头密封面状况。

(2)由于下入水深逐渐增加,防喷器系统操作压力会逐渐减少,水下师应当定期检查系统压力,并进行调压,补偿系统压力损失。

(3)隔水管吊车司机操作隔水管吊车,按照隔水管下入表吊装隔水管;吊车司机操作隔水管吊装工具与隔水管连接时,提升之前确保隔水管提升工具处于“LOCK”位置;平稳移动隔水管至斜道。

(4)隔水管立式存放区甲板人员仔细检查护丝是否带紧。

(5)确保隔水管斜道周围拉上警示带,隔水管倾斜装置下放安装安全网。

(6)从斜道吊隔水管时必须确保月池工作人员在安全区域。

(7)卡盘上工作人员手工具需绑好尾绳,人员站位合理。

(8)保持钻台、月池的良好沟通。

(9)电器和机械人员确认三绞盘操作正常，下放电缆和液压管到合适长度，确保钻台在下放隔水管过程中，绞盘同步运行下放；注意管线是否跳槽或刮碰。

(10)月池打隔水管卡子人员，注意穿戴好救生衣、安全带，挂好安全葫芦，平稳操作工作篮。

7)根据要求对隔水管边管进行压力测试

(1)试压前全船广播，相关区域拉好警示带。

(2)水下师确认防喷器组边管阀门关闭，进行灌水。

(3)吊装隔水管试压帽，检查清洁公头密封面。

(4)连接试压管线，注意保护接头；阻流/压井管线、乙二醇、增压管线用固定泵试压，两条液压管用防喷器试压泵打压。

(5)水下师确保试压曲线稳压合格，方可结束。

8)连接伸缩节、升高管及送入隔水管

(1)在连接伸缩节时，检查内外筒锁处于锁位，并上好机械止退螺杆。

(2)下放伸缩节过程中，钻台下方要有专人看护，防止挂碰转喷器壳体。

(3)电器和机械人员确认三绞盘操作正常，下放电缆和液压管到合适长度，确保钻台在下放过程中，绞盘同步运行下放；注意管线是否跳槽或刮碰。

9)安装 6 条鹅颈管，并行压力测试

(1)水下人员检查确认好鹅颈管内部密封状况及公头状况。

(2)专人操作钻台和月池的液压绞车，相互配合，专人指挥。

(3)舷外工作人员穿戴好救生衣、安全带，挂好安全葫芦，平稳操作工作篮，手工具需绑好尾绳。

(4)安装电缆伸长臂，固定好控制电缆和液压软管。

(5)根据作业者指令对鹅颈管进行试压：固井泵房打压测试阻流/压井/增压管；水下师人员用防喷器试压泵对乙二醇管线进行试压。

(6)试压时相关区域拉好警示带；全船广播。

10)下放伸缩节至合适位置，移张力器至井口中心，悬挂支撑环

(1)移动张力器前，用两条钢丝绳固定在采油树叉车吊耳上，解除张力器，其他大钢丝绳固定。

(2)移动前，两人在钻台底走道船首和船尾观察张力器固定销的伸出情况，以及滑移轨道状况。

(3)专人操作采油树叉车，使其保持张力器在移动过程中同步运行，应避免钢丝绳过紧。

(4)移动张力器前，水下师确认张力器控制面板液缸内压力小于 18bar。

(5)月池底专人看护，负责同水下师沟通，避免管线等碰撞，及时提醒水下师何时打开关闭支撑环。

(6)移动前通知中控，做好准备，保持良好沟通。

(7)水下师操作滑移装置面板"trip saver lock"手柄解锁装置止动螺栓，并确认解锁；操作"AFT"、"FWD"的行走手柄，滑移装置向井口中心靠拢；放回"AFT"、"FWD"止动螺栓的"OPEN"位，锁住张力器滑移装置；接近伸缩节时操作"tension ring"的"OPEN"手柄，打开支撑环；并继续移动张力器滑移装置直达进入伸缩节承重环处；操作"tension ring"的"lock"锁紧支撑环。

(8)通知司钻下放伸缩节到支撑环槽，避免伸缩节摇摆。

(9)水下师根据隔水管分析及司钻提供的实际悬重，对张力器系统充压60%~70%的负荷。

(10)通知司钻下放一部分质量到张力器。

11)安装隔水管伸缩节上面的液压管线

(1)安装内外筒锁、解锁管线；上、中、下液压盘根管线，以及伸缩节冷却水管线和张力器活塞杆喷淋管线；用15/16in套筒工具拆除伸缩节内外筒锁定位螺栓。

(2)在进行以上过程中确保有守护船，舷外作业的人员穿戴好救生衣、安全带，保证有看护人员在月池看护并与中控保持良好的沟通。

12)模拟对井口，然后下放防喷器坐井口，锁井口连接器

(1)模拟对井口，检查确认隔水管配置是否合理。

(2)司钻操作补偿器：根据天气状况打开合适数量的动力瓶；确保补偿器的"isolation valve"处于"lock open"位；并逐步对补偿器充气约隔水管串质量的30%。

(3)ROV检查井口的艏向，确保对井口时平台艏向与井口艏向一致，通知DPO调整艏向并移平台到井口正上方，实时与钻井队长、ROV保持良好沟通。

(4)ROV检查确认钢圈是否还在连接器中或井口头上；选择一个好的监测点，监测防喷器对井口过程。

(5)水下师与司钻密切合作，根据情况调整张力器张力。

(6)司钻根据高级队长或作业者指挥，选择合适时机，下放游车，使防喷器对入井口。

(7)释放50klb的负荷在井口头上。

(8)水下师在BOP司钻控制面板操作井口连接器"LOCK"，观察流量10gal左右，并观察操作压力恢复至1500psi。

(9)ROV现场确认井口连接器指示杆处于"lock"位。

(10)司钻过提50klb，确认井口连接器已锁好。

(11)然后下压50klb质量到井口头，水下师切换防喷器控制系统到另外一个控制盒，再过提50klb，确认连接器锁好，检验防喷器控制系统黄盒和蓝盒处于正常状态。

13)解锁伸缩节内筒，安装柔性接头

(1)释放隔水管串质量，水下师在控制面板上操作伸缩节解锁，观察指示杆是否在解锁位置；司钻上提质量约150klb。

(2)挠性接头连接、转喷器过程中：锁环的"control screw"及"set screw"螺栓分别打扭矩 170N·m/660 N·m；调整"release screw"保证与锁紧环有大于 5mm 的间隙。

14)安装转喷器，甩转喷器送入工具和隔水管卡盘

(1)下放转喷器过程，钻台底部派专人负责看护，防止管线刮碰。

(2)安装转喷器：水下师操作转喷器控制面板的"diverter landing off dogs"的"ext"按钮，伸出悬挂销；然后用 1-1/2in 的套筒扳手上紧安全销；水下师现场确认 8 个悬挂销伸出；司钻参照转喷器的导向销位置，调整好转喷器的方向并下放坐于转喷器悬挂销上 ，注意并观察悬重，确认是否坐好。

(3)水下师操作转喷器控制面板的"lockingdown dogs"，锁住转喷器；然后用 1-1/2in 的套筒扳手上紧安全销；操作"hydraulic stabs"的"extend"伸出 3 个液压插入头。

(4)司钻过提 10klb，确认转喷器锁好(约 180klb)。

(5)回收转喷器送入工具：逆时针旋转 90°，下放提升工具约 10mm，锁块解锁；顺时针旋转 90°，此时转喷器送入工具已解锁。然后上提送入工具，提出转喷器。

(6)在吊运隔水管卡盘万向节时，注意要将 4 颗长内六角螺杆上紧，确认扭矩 250ft·lb。

3. 恢复防喷器、转喷器控制系统到正常作业状态

(1)根据隔水管长度，计算防喷器主供液压硬管的冲洗时间；用防喷器三缸泵泵入控制液，冲洗管线，替换出海水和其他杂物。

(2)恢复防喷器控制系统，保持各个阀门在正常作业位置。

(3)转喷器系统：转喷器芯子盘根压力 750psi；伸缩节气盘根压力 90psi；伸缩节液压盘根压力 100psi；管汇压力 3000psi；系统操作压力 1500psi；管线密封压力 250psi。

8.2.2 起防喷器操作程序

1. 起防喷器前的准备工作

1)工具准备

(1)隔水管锁紧环转动棒。

(2)连接转喷器、挠性接头、升高管的楔块用的扭矩扳手，配 24mm、36mm 套筒。

(3)安装转喷器锁销的气动扳手配 1-1/2in 套筒。

(4)月池安装电缆卡子的气动扳手及气管配 19mm 加长套筒。

(5)安装伸缩节机械锁螺杆用 15/16in 套筒，活动扳手。

(6)月池舷外的安全带、救生衣、对讲机。

2)相关设备的组装测试

(1)钻台更换 1000t 吊环、吊卡。

（2）机械师、电气师进行刹车测试。

（3）钻台测试斜道、吊车司机测试隔水管吊车。

（4）液压师测试隔水管提升工具。

（5）测试钻柱补偿器。

（6）吊隔水管卡盘至钻台并组装测试。

3）水下师检查防喷器控制系统及控制面板处于正常状态；确保防喷器控制面板的防喷器功能显示位置正确；确保液压供应正常，系统无漏失

4）通知 ROV 入水，检查所有隔水管连接锁环的安全插销（确保插销没有脱出或即将脱出的情况）；检查隔水管连接器指示杆处于锁位

2. 起防喷器作业

1）起转喷器、扰性接头

（1）水下师与司钻确认转喷器不再使用；把转喷器相应功能打到正确的位置，将"flow line seal"打到 vent 位，并调节压力至 0psi。将"diverter packer"打到"block"，将压力泄为 0psi；将"hydraulic stabs"打到"retract"并派人观察是否到位。再将"lock down arms"打到"block"用气动扳手将转喷器定位机械锁顺时针旋进，再将其打到"extend"位。降低气盘根压力至 0psi，打到"vent"位，两个液盘根打到"block"位。

（2）吊装转喷器送入工具并连接转喷器，下放送入工具进入卡槽；先反转 90°；然后上提 4-1/2in；最后正转 90°。插上保险螺杆，连接好后过提 10klb，确保送入工具已正常连接。

（3）接下来在转喷器面板将"lock down arms"打到"retract"位，"land off arms"打到"block"位，用气动扳手旋进下部 8 个机械锁，司钻上提转喷器，再将"land off arms"打到"retract"收回位。

注意：此时转喷器和下部质量约为 180klb。

（4）起出转喷器时，用钻井水清洗转喷器腔室内部的泥浆和岩屑；甩转喷器质量约为 20t。

（5）安装隔水管送入工具，起挠性接头（通知电议师拆除升高短节上的测斜仪）。

注意：挠性接头、转喷器的拆卸过程，锁环的"set screw"螺栓用 36mm 的套筒扭矩扳手卸松，卸开扭矩约 660N·m，顺时针旋转螺栓直到丝扣露出 3 圈即可；然后将"control screw"顺时针上紧 160 N·m；用转动杆逆时针旋转 45°，解锁到位。

2）接 75ft 送入隔水管，锁伸缩节内筒

（1）接好送入隔水管后，司钻打开补偿器，准备下放伸缩节内筒。

（2）通知 ROV 检查防喷器艏向，DPO 根据的防喷器艏向调节平台艏向，确保与防喷器艏向一致，并检查平台偏移角度，确保平台在井口正上方。

（3）水下师操作伸缩节内外筒液压锁，检查功能是否正常，确认伸缩节处于解锁位。

（4）水下师与钻台沟通，下放伸缩节内筒，钻台底部派专人负责观察周围管线，防止内筒下放过程中碰撞转喷器壳体及其他附属设备。

（5）下放到位后，释放部分悬重；水下师操作液压阀，锁伸缩节内筒，观察确认伸缩节指示杆处于锁位；通知司钻过提 10klb，确认锁紧。

3）解锁防喷器

（1）水下师泄掉水下储能瓶压力，把防喷器的其他功能打到起防喷器的相应状态。

（2）水下师参照隔水管分析和下防喷器坐井口前的悬重记录，对张力器系统充压70%的负荷；调整补偿器气压，使负荷达到隔水管串质量的30%，并额外增加 50klb。

（3）月池派专人负责看护，与钻台保持沟通，防止在解锁井口连接器后，起防喷器过程中，拉坏伸缩节上的管线及控制电缆。

（4）电器和机械人员确认三绞盘操作正常，下放电缆和液压管到合适长度，确保钻台在起隔水管串过程中，绞盘同步运行回收；注意管线是否跳槽或刮碰。

（5）通知中控和 ROV 准备解锁井口连接器；水下师解锁井口连接器，确认其流量正常（7.5gal 左右），ROV 对井口连接器指示杆进行确认。

（6）井口连接器解锁成功后，通知 DPO 移平台避开井口。

（7）司钻起游车，补偿器液缸逐渐收回，坐于"water table"位置；张力器也逐渐回收，直到隔水管串全部质量转移到游车。

4）安装伸缩节机械锁螺杆，拆控制管线及移张力器。

（1）安装伸缩节内筒左右舷两个机械锁销；拆除伸缩节气盘根、上下液压盘根、冷却水 4 条管线，以及伸缩节内外筒锁液压两条管线。

（2）水下师关闭 6 个张力器主阀并降低张力器压力至 20bar，通知司钻继续提游车至伸缩节脱离支撑环 20cm 左右并保持游车处于此位置。

（3）通知中控月池将移 DAT 至右舷，解锁并打开支撑环，专人查看船艏和船尾"trip saver"的固定销是否收回及行走时是否同步（如果天气不好的话，需要提前交叉绑钢丝绳在采油树叉车上，利用采油树叉车进行牵引辅助）。移张力器至右舷，锁上支撑环，trip saver 插入固定销，DAT 液缸用钢丝绳固定。

5）拆电缆伸长臂、鹅颈管。

（1）水下师应先将防喷器控制室的两根液压硬管阀门关闭，在防喷器控制面板上关闭"pod supply"，打开"flush"，打开阻流、压井、乙二醇、增压管隔离阀，避免边管内憋压。

（2）上提游车调节伸缩节上悬挂鹅颈管的位置（方便拆卸和悬挂鹅颈管），钻台下放绞车和月池的绞车与坐工作篮的人员相互配合把取出的鹅颈管悬挂在月池左旋的船艏或船艉。

注意：在拆除鹅颈管时，需要人员坐工作吊篮，所以在操作工作吊篮前需检查设备状况，在操作时应小心操作避免压破管线或撞坏工作篮，避免设备损坏或是人员掉海。

在操作钻台和月池绞车时，相互保持良好的沟通，避免钢丝绳挂到设备，造成设备损坏和人员受伤。如果在隔水管上悬有其他工作缆，在悬挂鹅颈管时，应避免其绕进高压软管内。

6) 起送入隔水管，升高管及伸缩节

(1) 甩送入隔水管、升高管 5.9T 和伸缩节 33T，注意在提升防喷器过程中，钻台下安排专人查看，防止挂碰，黄蓝盒、HOTLINE、FULL UP 绞盘都需要有人进行操作，避免其从滑轮上滑脱损坏而损坏。

(2) 两台液压工作篮配合，拆电缆卡子，甩隔水管。

7) 起充液阀短节

(1) 当起到充液阀短节时，应降低充液阀压力至 0psi，将开关活动几下完全卸掉管线压力。

(2) 月池工作人员与钻台沟通调整好短节的位置（方便月池拆卸软管），拆除充液阀管线和半月重锤，起出并甩掉充液阀。

8) 起隔水管

(1) 甩隔水管时，公头务必套上保护套，关注防喷器控制面板上压力显示，防止压力过高，及时泄压。

(2) 月池拆卸卡子的工作人员穿戴好救生衣、安全带，工具系好尾绳，与中控保持沟通避免人员和工具掉海，同事与钻台保持沟通，保持作业顺利进行。禁止有人员从隔水管斜道下通过，防止隔水管护丝掉下来砸到人或钢丝绳断裂打到人。操作蓝黄盒的工作人员需待在现场，避免需要操作绞盘时无人操作，耽误作业时间。

(3) 隔水管吊车与钻台工作人员相互配合，按照水下师的要求把隔水管放入隔水管架区内。

9) 防喷器坐叉车

(1) 还剩两个隔水管时，应拆掉黄蓝盒和 HOTLINE 上部分重锤，以便减轻相应半月板的质量便于把吊重锤的半月板移到防喷器叉车的左边，移防喷器叉车至防喷器正上方，将月池的下部扶正臂伸出一半位置。

(2) 通知中控防喷器即将出水，安排工作人员到月池，准备观察防喷器起的过程中有无挂碰，声呐臂是否完全收回，在司钻快速上提过程中，当防喷器进入扶正臂后，将扶正臂完全伸出对防喷器进行导向，防止摇摆过大。

(3) 当防喷器进入叉车后，当 LMRP 上的悬挂点超过叉车承重销后，伸出承重销，并锁上保险销，可通知司钻把防喷器放在叉车上。然后拆掉与转换头连接的隔水管，待叉车完全移走后甩最后两根隔水管。

(4) 拆掉所有重锤和半月，将管线绑至防喷器左舷框架，防喷器移至左舷并固定叉车，用钻井水对防喷器进行防锈冲洗，放长控制管线至适宜吊起长度。

10) 把防喷器从叉车上转移到台车上。

(1)在用防喷器吊车吊防喷器前应先确认液压泵全部启动,用防喷器吊车先安装试压帽,然后下放主钩连接防喷器吊耳,确认吊耳与防喷器连接牢固后,通知中控准备进行吊防喷器作业,用 2 模式起吊,两钩质量差不超过 50t。提起防喷器后将叉车的承重销的保险销打开,收回承重销。慢慢上提防喷器,当防喷器进入扶正臂后,收紧所有扶正臂,将防喷器上提至合适高度。专人查看管线、设备是否有挂碰。

(2)解掉防喷器吊车的固定销,吊运防喷器到台车上,确认防喷器已坐好后,便可收回防喷器扶正臂,组织人员拆掉防喷器吊车主钩。在把防喷器吊车移回存放位时,会发现试压冒挡住左舷的主钩,这时可用小绞盘将左舷侧大钩升起,将吊车移回左舷固定。

(3)吊装防喷器台车轨道。移动防喷器台车至防喷器存放区,在移防喷器过程中派专人看管线。到位后插上防喷器固定螺杆,伸出液压固定销。

8.3　深水海底防喷器操作规范

相关人员在井控作业中反应正确,即①熟知各种告警信号;②正确处理各种井涌信号并实现快速关井;③相关设备设定在预定位置;④遵守相关规章制度。

注意 1:关闭闸板防喷器前要确保不要关在钻具接头上。附有补芯海拔高度的防喷器的闸板配置图应张贴在钻台。

注意 2:司钻房应准备最近的井控相关数据,如低泵速试验、地层完整性试验、压井表。

当出现钻井液返出流量突然增加、循环池钻井液量增多、停泵后井内钻井液外溢、起钻时井内灌不进钻井液(停泵井口有外溢现象)、油气层钻进发生井漏等告急信号中的任何一种时,司钻/钻井队长应立即启动操作程序。

1. 钻进时关井程序

(1)发出警报。

(2)上提钻具,停泥浆泵,停顶驱。

(3)关闭万能防喷器。

(4)打开水下事故安全阀,监测压力。

(5)使用计量罐监测隔水管内液面,如有溢流,关闭转喷器、舷外放喷。

(6)通知值班队长和钻井监督。

(7)观察并记录关井钻杆压力、关井套压、循环池钻井液增减量。注意关井套压不能超过最大允许关井套压。

(8)上提钻具直到钻杆接头到已关闭的万能防喷器的底部,如果井架高度不满足上提钻杆接头到万能防喷器底部,上提确认关闸板位置,关闭闸板防喷器。

(9)按照钻井监督的指令,实施压井作业。

(10)压井作业结束后,循环释放圈闭压力,打开防喷器。

2. 起下钻时关井程序

1)钻杆在防喷器内

(1)发出警报。

(2)下放钻具坐卡瓦,装防喷阀并关闭。

(3)关闭万能防喷器。

(4)接顶驱,打开防喷阀。

(5)打开钻柱补偿器,并调整到中位。

(6)打开水下事故安全阀,监测压力。

(7)使用计量罐监测隔水管内液面,如有溢流,关闭转喷器、舷外放喷。

(8)通知值班队长和钻井监督。

(9)观察并记录关井钻杆压力、关井套压、循环池钻井液增减量。注意关井套压不能超过最大允许关井套压。

(10)上提钻具直到钻杆接头到已关闭万能防喷器的底部,如果井架高度不满足上提钻杆接头到万能防喷器底部,上提确认关闸板位置,关闭闸板防喷器。

(11)如需要强行下钻,安装单流阀,按强行起下钻程序下钻。

(12)按照钻井监督的指令,实施压井作业。

(13)压井作业结束后,循环释放圈闭压力,打开防喷器。

2)钻铤在防喷器

(1)发出警报。

(2)下放钻具坐卡瓦,装防喷阀并关闭。

(3)关闭万能防喷器。

(4)接顶驱,打开防喷阀。

(5)打开钻柱补偿器,并调整到中位。

(6)打开水下事故安全阀,监测压力。

(7)计量罐监测隔水管内液面,如有溢流,关闭转喷器、舷外放喷。

(8)通知值班队长和钻井监督。

(9)观察并记录关井钻杆压力、关井套压、循环池钻井液增减量。注意关井套压不能超过最大允许关井套压。

(10)如需要强行下钻,安装单流阀,根据强行下钻作业程序下钻。

(11)调节天车补偿器位置,上提钻具直到钻杆接头到已关闭万能防喷器的底部,关闭闸板防喷器。

(12)按照钻井监督的指令,实施压井作业。

(13)压井作业结束后,循环释放圈闭压力,打开防喷器。

3. 空井时关井程序

(1)发出警报。

(2)关闭钻杆剪切闸板。

(3)打开水下事故安全阀,监测压力。

(4)计量罐监测隔水管内液面,如有溢流,关闭转喷器、舷外放喷。

(5)通知值班队长和钻井监督。

(6)观察并记录关井套压、循环池钻井液增减量。注意关井套压不能超过最大允许关井套压。

(7)按照钻井监督的指令,实施压井作业。

4. 电测时的关井程序

(1)发出警报。

(2)关闭万能防喷器。

(3)打开水下事故安全阀,监测压力。

(4)计量罐监测隔水管内液面,如有溢流,关闭转喷器、舷外放喷。

(5)通知值班队长和钻井监督。

(6)观察并记录关井套压、循环池钻井液增减量。注意关井套压不能超过最大允许关井套压。

(7)如需要起出电缆,按强行起下程序起出电缆。

(8)请示钻井监督,是否剪断电缆关闭井口,按空井情况进行井控操作,尽可能避免剪断电缆。

5. 下套管时的关井程序

(1)发出警报。

(2)下放套管坐卡瓦,装转换接头及防喷阀并关闭。

(3)下套管前调节万能防喷器操作压力,关闭万能防喷器。

(4)接顶驱,打开防喷阀。

(5)打开钻柱补偿器,并调整到中位。

(6)打开水下事故安全阀,监测压力。

(7)监测隔水管内液面,如有溢流,关闭转喷器、舷外放喷。

(8)通知值班队长和钻井监督。

(9)观察并记录关井钻杆压力、关井套压、循环池钻井液增减量。注意关井套压不能超过最大允许关井套压。

(10)如需要强行下钻，安装单流阀，根据强行下钻作业程序下钻。

(11)下钻到位后，调节天车补偿器位置，上提钻具直到钻杆接头到已关闭万能的底部，关闭闸板防喷器。

(12)按照钻井监督的指令，实施压井作业。

(13)压井作业结束后，循环释放圈闭压力，打开防喷器。

8.4 深水海底防喷器控制系统操作规范

常规水深的防喷器控制系统大多采用电-气-液-液或者多路传输、数字编码的控制方式。而对于深水作业，以上的控制方式已经不能够满足防喷器控制响应时间的要求，目前深水防喷器的控制方式多采用电液-MUX（multiplex）控制技术，包括新型 SPM（sub plate mounted）阀、特殊密封技术光纤传输等。

"海洋石油 981"深水半潜式钻井平台防喷器的控制采用电液混合控制系统。它能够保证海底闸板防喷器从驱动到关闭完成的响应时间不超过 45s，海底环形防喷器从驱动到关闭完成的响应时间不超过 60s，隔水管应急解脱隔水管连接器的响应时间不超过 45s。

8.4.1 深水海底防喷器控制系统正常控制程序

关于"海洋石油 981"深水半潜式钻井平台防喷器控制系统的控制板，根据 API-16D 的要求设置两个正常使用的控制板，一个控制板安装在司钻房内由司钻控制，可以控制防喷器组的所有功能，并能调节和显示控制系统的所需压力；第二个控制板放置在生活楼的钻井队长室由钻井队长控制。此两块控制板与防喷器控制系统的主要装置直接并联连接，每一控制板至少包括下列控制：

(1)关闭和开启防喷器。

(2)关闭和开启防喷器上的压井和节流阀。

(3)导流器的操作。

(4)隔水管的正常和应急解脱。

按照 API-16D 规则要求，在钻井队长室的控制面板上防喷器先导阀的压力状态、充气压力状态、泵站马达失电状态、防喷器组上次状态等可以不必显示。但是，为了保证应急控制时海底防喷器组的信息完全冗余，"海洋石油 981"深水半潜式钻井平台钻井队长室的控制面板与司钻房的完全相同。本质安全型防喷器控制系统的控制画面参见图 8-1。

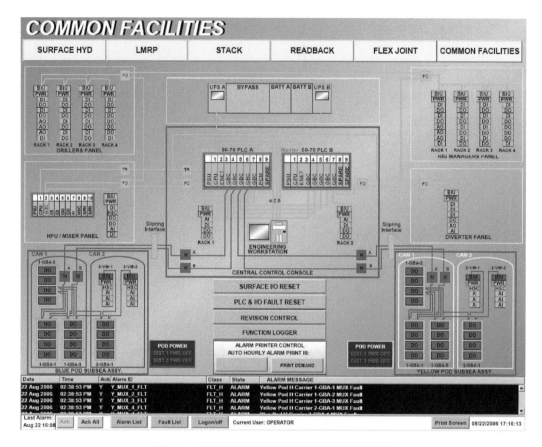

图 8-1　本质安全型防喷器控制系统的控制画面

8.4.2　深水海底防喷器控制系统应急控制程序

"海洋石油 981"深水半潜式钻井平台的防喷器控制系统设计除满足规范要求的常规控制外，还设置了该平台所特有的防喷器控制系统：声呐控制系统、水下机器人控制系统、应急液压备用(EHBS)控制系统。

1. 声呐控制

声呐控制系统主要是通过地面声呐遥控装置及水下声呐控制系统来实现对防喷器组应急功能的控制。地面声呐遥控装置发出指令，水下声呐传感器接收到信号并给电磁阀信号指令，控制 SPM 阀操作，完成功能控制。

声呐控制系统主要由地面声呐控制系统、水下声呐控制盒、备用电池及储能器组成，在 3000m 最大作业水深的情况下，声呐的工作范围为 802m。声呐主要实现如下 3 个控制功能。

(1)钻杆剪切闸板：关闭。

(2)上钻杆闸板：关闭。

(3) 隔水管连接器：解锁。

在 ARM 状态下，声呐控制系统起作用，在 DISARM 状态下，声呐控制系统不起作用。

2. 应急液压备用控制

应急液压备用控制与通常的失效关闭功能类似。安装在下部防喷器组上，具有独立液压控制盒。当选择 ARM 模式时，同时失去液压和防喷器的电力信号情况下，自动启动应急液压备用控制的功能，在 DISARM 状态时应急液压备用控制不起作用。

应急液压备用主要实现如下 3 个控制功能。

(1) 钻杆剪切闸板：关闭。

(2) 上钻杆闸板：关闭。

(3) 隔水管连接器：解锁。

设定 ARM 和 DISARM 的原则：下完防喷器组准备继续钻井时，设定在 ARM 的位置；但剪切闸板的能力不足以剪切井内的下部钻具时，设定在 DISARM 位置。

此系统能够在防喷器组控制系统同时失去液压和电力信号时还能有效控制井控设备；但是在接头盒到应急备用控制盒之间液压系统及电控部分同时出现故障会激活此功能，导致误操作。

3. 水下机器人控制

"海洋石油 981"深水半潜式钻井平台在平台左右舷各预留了一个放置第三方色号呗 ROV 系统的位置，ROV 在平台正常钻井作业时下放到水下辅助水下井口的安装、连续等工作，或者在应急时下方 ROV 能够实现海底防喷器组的就地控制。在下部隔水管总成及下部防喷器组上都配有 ROV 的控制面板，它们的控制功能如下。

1) 下部隔水管总成上的控制板

(1) 储能瓶释放。

(2) 下部隔水管总成连接器二开。

(3) 连接钢圈释放。

(4) 插入头回收。

2) 下部防喷器组上的控制板

(1) 钻杆剪切关。

(2) 套管剪切关。

(3) 井口连接器二开。

(4) 插入头回收。

(5) 剪切储能瓶释放。

(6) EHBS 储能瓶释放。

控制海底防喷器的液压源有两种途径得到：一种是由地面防喷器控制液压泵站，通过独立的绞车及滑轮系统将备用液压软管传递至海底防喷器组，另一种是 ROV 自带的放置于平台的低液压泵站通过 ROV 的脐带缆液压供给。

参 考 文 献

[1] 陈刚, 吴晓源. 深水半潜式钻井平台的设计和建造研究[J]. 船舶与海洋工程, 2012(1): 9-14.

[2] 刘海霞. 深海半潜式钻井平台的发展[J]. 船舶, 2007(03): 6-10.

[3] 张海彬, 沈志平, 李小平. 深水半潜式钻井平台波浪载荷预报与结构强度评估[J]. 船舶, 2007(2): 33-38.

[4] 亢峻星. 海底防喷器控制系统[J]. 中国海洋平台, 1992(4): 179-181.

[5] 沐建飞, 潘斌. 海洋平台风载荷的分析与计算[J]. 中国海洋平台, 1999(1): 7-11.

[6] 邱大洪. 波浪理论及其在工程上的应用[M]. 北京: 高等教育出版社, 1985.

[7] 付昱华. 改进的线性波浪理论[J]. 中国海上油气: 工程, 1989(4): 21-26.

[8] 王科. 新波浪理论在系留船舶二阶波浪力计算中的应用研究[J]. 船舶力学, 2008, 12(1): 1-11.

[9] 陈徐均. 浮体二阶非线性水弹性力学分析方法[D]. 无锡: 中国船舶科学研究中心, 2001.

[10] 段文洋, 贺五洲. 有限水深二维绕射问题的二阶速度势和水动力[J]. 海洋工程, 1996(3): 51-58.

[11] 徐德伦. 由 JONSWAP 谱和 PM 谱计算的风浪波高之间的关系[J]. 海洋湖沼通报, 1987(1): 3-6.

[12] 万乐坤, 嵇春艳, 尹群. 基于二阶 Stokes 波理论的随机波浪力谱表示法研究[J]. 江苏科技大学学报 (自然科学版), 2007, 21(02): 6-9.

[13] 王忠涛, 栾茂田, JENG D-S, 等. 随机波浪作用下海床动力响应及液化的理论分析[J]. 岩土力学, 2008, 29(08): 2051-2056.

[14] 王忠涛. 随机和非线性波浪作用下海床动力响应和液化分析[D]. 大连: 大连理工大学, 2008.

[15] MAO L, LIU Q, ZHOU S, et al. Deep water drilling riser mechanical behavior analysis considering actual riser string configuration[J]. Journal of Natural Gas Science & Engineering, 2016, 33: 240-254.

[16] 王言英. 波浪中浮体运动与遭遇荷载计算研究[J]. 大连理工大学学报, 2004, 44(3): 313-319.

[17] 顾海英. 超大型浮体波浪载荷特性研究[D]. 镇江: 江苏科技大学, 2015.

[18] 钱昆. 浮体在大幅波浪中的运动和荷载计算研究[D]. 大连: 大连理工大学, 2004.

[19] 姜伟. 深水半潜式钻井平台内波流海域艏向确定方法研究与应用[J]. 海洋工程装备与技术, 2016, 3(6): 331-337.

[20] 肖丽娜. 浮式平台稳性分析的风力计算方法应用[J]. 船舶标准化与质量, 2015(05): 25-28.

[21] 陆晔, 祁恩荣. 横向下浮体半潜式平台完整稳性分析[C]//船舶与海洋结构学术会议暨中国钢结构协会海洋钢结构分会理事会第三次会议, 威海, 2014.

[22] 程涛, 范厚彬. 偏载作用下浮式平台稳定性预测理论及实例分析[J]. 浙江建筑, 2010, 27(9): 33-35.

[23] MIRZENDEHDEL A M, SURESH K. A fast time-stepping strategy for the Newmark-Beta method[C]//ASME 2014 International Design Engineering Technical Conferences and Computers and Information in Engineering Conference, New York, 2014.

[24] BAYER S E, ERGIN A A A. A Stable Marching-on-in-time scheme for wire scatterers using a Newmark-Beta formulation[J]. Progress in Electromagnetics Research B, 2008, 6: 337-360.

[25] HONGJING L I, WANG T, LIAO X. An interpretation on Newmark beta methods in mechanism of numerical analysis[J]. Journal of Earthquake Engineering & Engineering Vibration, 2011, 31(2): 55-62.

[26] GALEONE L, GARRAPPA R. Fractional Adams-Moulton Methods[M]. Amsterdam: Elsevier Science Publishers B. V., 2008: 1358-1367.

[27] 梁海志. 半潜式平台运动响应的动力定位等主被动及其联合控制研究[D]. 大连: 大连理工大学, 2015.

[28] 肖鑫. 畸形波作用下张力腿平台运动响应分析[D]. 大连: 大连理工大学, 2009.

[29] 王冰. 基于细长杆理论的系泊缆索静力及动力分析方法研究[D]. 哈尔滨: 哈尔滨工程大学, 2013.

[30] 赵晶瑞, 谢彬. 深水半张紧系泊系统设计研究[J]. 舰船科学技术, 2015, 37(12): 48-53.

[31] 张火明, 范菊, 杨建民. 深水系泊系统静力特性快速计算方法研究[J]. 船海工程, 2007, 36(02): 64-68.

[32] 唐友刚, 张若瑜, 程楠, 等. 集中质量法计算深海系泊冲击张力[J]. 天津大学学报(自然科学与工程技术版), 2009, 42(8): 695-701.

[33] 程楠. 集中质量法在深海系泊冲击张力计算中的应用研究[D]. 天津: 天津大学, 2008.

[34] 袁梦. 深海浮式结构物系泊系统的非线性时域分析[D]. 上海: 上海交通大学, 2011.

[35] BRUCK H A, MCNEILL S R, SUTTON M A, et al. Digital image correlation using Newton-Raphson method of partial differential correction[J]. Experimental Mechanics, 1989, 29(3): 261-267.

[36] YPMA T J. Historical development of the Newton-Raphson method[J]. Siam Review, 1995, 37(4): 531-551.

[37] 季虎, 夏胜平, 郁文贤. 快速傅立叶变换算法概述[J]. 现代电子技术, 2001(8): 5-8.

[38] 曾志, 杨建民, 李欣, 等. 半潜式平台气隙数值预报[J]. 海洋工程, 2009, 27(3): 14-22.

[39] 曾志. 半潜式平台气隙响应的预报[D]. 上海: 上海交通大学, 2009.

[40] 刘远传, 万德成. 浮式三体平台在波浪上的运动性能计算[C]//全国流体力学学术会议, 2012.

[41] 张海彬. FPSO 储油轮与半潜式平台波浪载荷三维计算方法研究[D]. 哈尔滨: 哈尔滨工程大学, 2004.

[42] 张金平, 段艳丽, 刘学虎. 海洋平台波浪载荷计算方法的分析和建议[J]. 石油矿场机械, 2006, 35(3): 10-14.

[43] 江亦海. 深水浮式平台局部承载能力及可靠度研究[D]. 杭州: 浙江大学, 2008.

[44] 冯国庆, 任慧龙, 李辉, 等. 在役平台结构剩余疲劳寿命的可靠性分析[J]. 大连海事大学学报, 2011, 37(1): 18-20.

[45] 孙玉武, 聂武. 自升式海洋平台后服役期的疲劳强度及寿命分析[J]. 哈尔滨工程大学学报, 2001, 22(2): 10-14.

[46] 中国科学院北京力学研究所十二室疲劳组. 金属疲劳中的累积损伤理论[J]. 力学进展, 1976(1): 55-63.

[47] 杨晓华, 姚卫星, 段成美. 确定性疲劳累积损伤理论进展[J]. 中国工程科学, 2003, 5(4): 81-87.

[48] 李骋, 张国栋, 许超, 等. 确定高周应力疲劳 S-N 曲线的方法研究[J]. 燃气涡轮试验与研究, 2008, 21(2): 39-43.

[49] 张秀芝. Weibull 分布参数估计方法及其应用[J]. 气象学报, 1996, 54(qx): 108-116.

[50] 郑明, 杨艺, 郑宇. 基于分组数据的 Weibull 分布的参数估计[J]. 高校应用数学学报, 2003, 18(3): 303-310.

[51] 唐晓晴, 李英, 刘天尧. 浮式平台全概率谱疲劳分析方法[J]. 中国海洋平台, 2017, 32(1): 46-52.

[52] 李艳, 李欣, 罗勇. 新型导管架复合式深吃水半潜平台概念导管架对平台整体垂荡、横摇和纵摇运动的影响分析(英文)[J]. 船舶力学, 2015(06): 664-676.

[53] 刘利琴, 唐友刚, 王文杰. Spar 平台垂荡—纵摇耦合运动的不稳定性[J]. 船舶力学, 2009, 13(04): 551-556.

[54] 刘利琴, 唐友刚, 王文杰. Spar 平台垂荡-纵摇耦合运动失稳机理[J]. 海洋工程, 2009, 27(2): 29-35.

[55] 曾东. 箱式浮体在波浪中的运动分析[D]. 武汉: 华中科技大学, 2007.

[56] 陈凯. 深水海底管线 S 型铺设分析方法与力学特性研究[D]. 上海: 复旦大学, 2014.

[57] 陈洁, 温宁. 我国深水油气勘探的思考[C]//中国地球物理学会年会, 成都, 2006.

[58] 姜哲, 谢彬, 谢文会. 一种新型浮式平台——深水不倒翁平台的海上安装方法初步研究[C]//中国石油学会海洋石油分会 2013 年海洋工程学术年会, 上海, 2013.

[59] 谢彬, 姜哲, 谢文会. 一种新型深水浮式平台——深水不倒翁平台的自主研发[J]. 中国海上油气, 2012, 24(4): 60-65.

[60] KONG X W, YUAN Q J, QIU Y J, et al. The research of two-phase fluctuation pressure in wellbore tripping operation[J]. Inner Mongolia Petrochemical Industry, 2011(10).

[61] LIU Q Y, MAO L J, ZHOU S W, et al. Experimental study of the drilling riser mechanical behavior based on fiber bragg grating measuring and testing technique[J]. Ocean Engineering Equipment & Technology, 2015(6).

[62] 徐涛. 深海钻井升沉补偿装置机理研究与设计[D]. 成都: 西南石油大学, 2016.

[63] 姜浩. 海洋浮式钻井平台钻柱升沉补偿系统研究[D]. 青岛: 中国石油大学(华东), 2013.

[64] 刘清友, 徐涛. 深海钻井升沉补偿装置国内现状及发展思路[J]. 西南石油大学学报(自然科学版), 2014, 36(03): 1-8.

[65] 徐涛. 深海钻井升沉补偿装置机理研究与设计[D]. 成都: 西南石油大学, 2016.

[66] INSTITUTE A P. Recommended Practice for Design, Selection, Operation and Maintenace of Marine Drilling Riser Systems[M]. Washington, DC: American Petroleum Institute, 1993.

[67] 刘彩虹, 杨进, 曹式敬, 等. 海洋深水钻井隔水管力学特性分析[J]. 石油钻采工艺, 2008, 30(2): 28-31.

[68] 鞠少栋, 畅元江, 陈国明, 等. 超深水钻井作业隔水管顶张力确定方法[J]. 海洋工程, 2011, 29(1): 100-104.

[69] 杨进, 孟炜, 姚梦彤, 等. 深水钻井隔水管顶张力计算方法[J]. 石油勘探与开发, 2015, 42(1): 107-110.

[70] 韩志勇. 垂直井眼内钻柱的轴向力计算及强度校核[J]. 石油钻探技术, 1995(s1): 8-13.

[71] 韩志勇. 液压环境下的油井管柱力学[M]. 北京: 石油工业出版社, 2011.

[72] YILMAZ O, INCECIK A. Extreme motion response analysis of moored semi-submersibles[J]. Ocean Engineering, 1996, 23(6): 497-517.

[73] LEWIS C H, GRIFFIN M J. Evaluating the motions of a semi-submersible platform with respect to human response[J]. Applied Ergonomics, 1997, 28(3): 193-201.

[74] SPARKS C P. Mechanical behavior of marine risers mode of influence of principal parameters[J]. Journal of Energy Resources Technology, 1980, 102(4): 811-831.

[75] 石晓兵, 郭昭学, 聂荣国, 等. 海洋深水钻井隔水管变形及载荷分布规律研究[J]. 天然气工业, 2004, 24(3): 88-90.

[76] 周守为, 刘清友. 深水钻井隔水管系统力学行为理论及应用研究[M]. 北京: 科学出版社, 2016.

[77] 谢贻权, 何福保同. 弹性和塑性力学中的有限单元法[M]. 北京: 机械工业出版社, 1971.

[78] 祝效华, 童华, 刘清友, 等. 旋转钻柱与井壁的碰撞摩擦边界问题研究[J]. 中国机械工程, 2007, 18(15): 1833-1837.

[79] 王腾, 张修占, 朱为全. 平台运动下深水钻井隔水管非线性动力响应研究[J]. 海洋工程, 2008, 26(3): 21-26.

[80] 李桂喜, 潘孝会. 钻柱振动载荷对钻压影响的研究[J]. 断块油气田, 1995, 02(02): 44-46.

[81] 王道宝. 闸板防喷器可靠性研究[D]. 北京: 中国石油大学(北京), 2010.

[82] 曹式敬. "海洋石油 981" 超深水钻井装置防喷器系统可靠性分析[J]. 中国海上油气, 2013, 25(1):

46-48.

[83] 史三东. 走近"海洋石油 981"深水钻井平台[J]. 国防科技工业, 2012(6): 52-54.

[84] 陆蕾. 深水半潜式钻井平台压载系统设计[D]. 上海: 上海交通大学, 2014.

[85] 王梦颖. 深水半潜式钻井平台总体与压载系统初步研究[D]. 哈尔滨: 哈尔滨工程大学, 2011.

[86] 刘正锋, 孙强, 刘长德. 动力定位系统推力能力曲线计算分析[J]. 船舶力学, 2016, 20(05): 540-548.

[87] 乔晓国. 深水浮式结构动力定位能力动态分析[D]. 哈尔滨: 哈尔滨工程大学, 2010.

[88] 孙友义, 陈国明, 畅元江, 等. 超深水隔水管悬挂动力分析与避台风策略探讨[J]. 中国海洋平台, 2009, 24(2): 29-32.